DeepSeek
使用指南
全职业场景应用实践

杜雨 张孜铭 陈博 著

机械工业出版社
CHINA MACHINE PRESS

图书在版编目（CIP）数据

DeepSeek 使用指南：全职业场景应用实践 / 杜雨，
张孜铭，陈博著. -- 北京：机械工业出版社，2025.3（2025.4重印）.
ISBN 978-7-111-77882-0

Ⅰ. TP18

中国国家版本馆 CIP 数据核字第 2025FB3249 号

机械工业出版社（北京市百万庄大街 22 号　邮政编码 100037）
策划编辑：杨福川　　　　　　　　　　　　责任编辑：杨福川　李　艺
责任校对：景　飞　张雨霏　李可意　马荣华　责任印制：张　博
北京联兴盛业印刷股份有限公司印刷
2025 年 4 月第 1 版第 7 次印刷
170mm×230mm·17 印张·2 插页·312 千字
标准书号：ISBN 978-7-111-77882-0
定价：69.00 元

电话服务　　　　　　　　网络服务
客服电话：010-88361066　机　工　官　网：www.cmpbook.com
　　　　　010-88379833　机　工　官　博：weibo.com/cmp1952
　　　　　010-68326294　金　书　网：www.golden-book.com
封底无防伪标均为盗版　机工教育服务网：www.cmpedu.com

DeepSeek 正在为各行各业的人插上 AI 赋能的翅膀。当智能工具消除了重复劳动，让高阶创造力得以充分释放时，系统化的技术应用就会打通产业落地的关键路径，使创新势能精准转化为升级动能。本书既是掌握 AI 技术的实用指南，又是撬动产业变革、释放创造潜能的实践桥梁。

——蔡冬晓　上海交通大学四川研究院产业培训中心主任

这本书以清晰易懂的方式展现了 AI 技术如何真正服务于生活与工作。阅读这本书，每个人都能轻松拥抱智能时代。

——陈超　QuestMobile CEO

作为在 GenAI 一线冲刺的创业者，我深感 DeepSeek 真正将 GenAI 带到了每个中国人的日常生活之中，相信这本兼具实践和学术视野的作品，能够为大家探索 AI 新时代提供无限灵感。

——丁天　数宗科技创始人兼 CEO

作为 PAAAWOW 的创始人，我深知 AI 工具在现代企业中的重要性。这本关于如何使用 DeepSeek 的新书，深入浅出地讲解了 AI 在各种工作场景中的应用。强烈推荐给每一位希望在 AI 浪潮中抢占先机的创业者和技术爱好者！

——段宇皓　PAAAWOW 宠物智能项圈品牌创始人

这大概是最值得深度阅读的一本关于 DeepSeek 的书！在"深度阅读"后你会发现，原来"深度求索"远不止于提示词用法，更是 AI 时代的一种人生哲学！

——高泽林　"AI 异类弗兰克"主理人

对于怀揣梦想、渴望大展拳脚的年轻人来说，这是一本开启高效工作之门的秘籍。书中详尽的实战技巧与丰富的模板，将助你用 DeepSeek 告别枯燥科研和加班熬夜，从而以更饱满的热情和精力去拥抱生活、探索更多的人生可能性。从某种意义上说，这本书可以视为年轻人的"人生使用指南"。

——华融琦　科技自媒体"自动华.AI"主理人

这是一本兼具理论与实践价值的 DeepSeek 指南，它以清晰的逻辑和实用的方法，帮助读者从零开始构建 AI 认知体系，并将其转化为解决实际问题的能力，真正实现技术与生活的无缝连接。

——刘勇　中关村互联网金融研究院院长

这本书用最平实的语言来解读复杂的 AI 世界，将 DeepSeek 的使用方法讲述得十分透彻。在作者的笔下，AI 技术不再是高墙，而是通往创新的桥梁。

——柳春阳　清博元宇宙研究室执行主任

数字智能需要与人文情怀共振，DeepSeek 毫无疑问是两者的集大成者，书中提供的大量案例都展现了数字人文的生动注脚。

——柳执一　浙江传媒学院公共艺术教育部主任

这本书并不是在教你"驯服"AI，而是在重构人与工具的共生关系：让 PPT 排版成为美学博弈，让会议纪要化作认知跃迁，让商业计划书写成一部理性与诗意的协奏曲……

——裴剑祥　知名公众号"衷公子的剑"主理人

DeepSeek 正在改变数字世界的格局，高效驾驭 AI 成为这个时代每个人的必备技能。这本书不仅是教大众在不同工作场景下使用 DeepSeek 的实践指南，更是帮助团队在智能协作中实现效能跃迁的操作指引。通过本书，团队成员能够快速掌握 AI 应用的核心理念与实用技巧，在技术与业务的交汇点上找到效率提升的关键路径。

——温海龙　复育智库创始人

这本书立足于实战需求，通过系统的方法论构建和丰富的场景演练，为读者勾勒出一幅清晰的 AI 应用全景图。从个人创作到组织管理，从基础办公到专业研究，环环相扣，既有深度的理论阐释，又有细致的实操指导。尤其令人赞叹的是，作者将 DeepSeek 特性与具体业务场景紧密结合，展现了对技术本质和应用价值的深刻理解。对于每一位希望在 AI 时代提升工作效能的专业人士而言，这本书都是案头必备的实践指南，它将帮助读者在数字化转型的浪潮中把握先机，实现从传统工作模式向智能化范式的跨越。

——于佳宁　Uweb 校长，中国通信工业协会区块链专委会共同主席

这本书极具实用性和前瞻性，它聚焦于 DeepSeek 在职场中的多样化应用，通过详细的步骤和实战案例，向读者展示了如何将 AI 技术融入日常工作，从而实现效率的飞跃。

——张远　复泰实战商学院执行院长

这本书很好地将理论与实践加以结合，不仅详细介绍了 DeepSeek 的操作方法和核心优势，还通过丰富的应用场景和实战案例展示了它在不同领域的强大潜力。

——赵宝全　中山大学人工智能学院副教授

前言

　　2025 年春节前，中国迎来了自己的"ChatGPT 时刻"——一个叫作 DeepSeek 的模型产品火遍全球，让全世界在 AI 领域感受到"神秘的东方力量"。一经发布，DeepSeek 便凭借其开源、低成本、高性能的特点，迅速渗透到了各行各业。

　　在这样的背景下，学习和使用 DeepSeek 成为一种必然趋势，就好比如今不管什么工作都得会用搜索引擎、Office 一样，未来也许 DeepSeek 会成为每个职场人的必备技能。对于个人而言，现在抓紧学习 DeepSeek 的使用方法，就能在激烈的职场竞争中快人一步；对于企业而言，工作人员若能善用 DeepSeek，将大幅提升工作效率。可以说，谁先掌握 DeepSeek，谁就能在未来的发展中抢占先机。

　　为了帮助大家系统地学习 DeepSeek 的使用方法，我们编写了本书。本书覆盖了 DeepSeek 的基础知识、使用技巧以及在多行业场景中的应用，为读者提供了一站式学习体验。同时，本书注重实战性与可操作性，通过清晰的步骤说明、提示词示例以及输出结果展示，帮助读者快速上手并将其应用于实际工作中。此外，本书以跨行业的视角和互动性强的设计，进一步拓宽了读者的视野。无论你是第一次接触 AI 工具的"小白"，还是身经百战的 AI"老司机"，阅读完本书，相信都会有所收获。

　　本书共 12 章，第 1 章介绍了 DeepSeek 的发展脉络、核心价值与使用方法；第 2 章以 DeepSeek 的 V3 版本和 R1 版本为例，介绍了各类提示词使用技巧；第 3 章从职场汇报需求出发，介绍了如何用 DeepSeek 汇总信息，并通过思维导图、流程图等方式可视化展示信息；第 4 章聚焦职场效率提升，分享了 DeepSeek 与 Office 全家桶的结合方法；第 5 章立足于自媒体内容生产场景，介绍了如何用

DeepSeek 协同生成自媒体图文与视频；第 6 ～ 12 章分别结合创意工作者、教师、创业者、政府工作者、法律从业者、金融从业者以及科研工作者的职业需求，用生动的案例诠释了不同场景使用 DeepSeek 提升办公效率的方法。

本书篇幅有限，如果希望了解更多的 AI 领域信息，欢迎关注视频号"@杜雨说 AI"获取更多与 AI 和 DeepSeek 相关的前沿资讯。此外，为了尽可能满足所有读者的需求，我们努力尝试在通俗入门和高手进阶之间寻找一个平衡点，如果你对内容组织有更专业的见解，欢迎与我们做进一步的交流和探讨。此外，尽管我们在写作过程中查阅了大量资料，但仍可能有疏漏之处，欢迎读者指正。

最后，感谢韩一笑为本书编校提供的帮助，感谢未可知人工智能研究院全体成员一路的支持与陪伴。

希望更多读者在阅读本书后，能为中国 AI 事业的发展贡献一份自己的力量！

目录

1

DeepSeek 超快速入门

在人工智能重塑人类未来的时代，DeepSeek 作为中国领先的通用大模型平台，正以创新之力推动技术普惠。本章将带你初步探索 DeepSeek 的成长脉络与技术魅力，助你快速掌握这一智能工具的核心价值与使用方法。

1.1 DeepSeek 的发展历程

要介绍 DeepSeek 的发展历程，就绕不开它的母公司——幻方量化，更绕不开它的创始人——梁文锋。

1985 年，梁文锋出生于广东湛江。他很早就展现出了在理工科上的天赋，2002 年他考入浙江大学电子信息工程系，2010 年获得信息与通信工程硕士学位。

2008 年，正值全球金融危机肆虐之际，正在攻读硕士学位的梁文锋带领团队做出一项前瞻性探索：将机器学习应用于量化交易策略开发。这段实验室经历如同火种，点燃了他对 AI 与金融融合的想象。2013 年，他与同学创立杭州雅克比投资管理有限公司，两年后又成立了杭州幻方科技有限公司，在实战中积累起了量化投资的底层技术架构。

2015 年，30 岁的梁文锋与浙大校友共同创立幻方量化。2016 年，当其他投资机构还在靠分析师团队选股时，幻方量化已经完全交由 AI 系统自动交易，旗下基金连续多年跑赢大盘，管理资金很快突破千亿元。支撑这些成就的，是他们在杭州悄悄建造的"超级计算机工厂"——由数万台高性能显卡组成的算力集群，这个算力集群昼夜不停地处理着海量金融数据。

正是这些轰鸣的"算力引擎"，为 DeepSeek 的诞生埋下了种子。2019 年，当外界还在质疑"私募公司为什么要买这么多显卡"时，幻方量化已投入数亿元建造了当时亚洲顶尖的 AI 算力中心。2023 年 7 月，幻方量化宣布成立大模型公司 DeepSeek，正式进军通用人工智能（AGI）领域。那些原本用于分析股票走势的机器，逐渐显露出更惊人的潜力：2023 年底，公司训练出了首个能帮程序员写代码的 AI 助手 DeepSeek Coder。这个"会编程的机器人"在开源社区一炮而红，因为它不仅能理解 30 多种编程语言，还能自动补全复杂代码，让全球开发者惊呼"写代码就像有了个 AI 搭档"。

真正的突破在半年后到来。2024 年春天，DeepSeek 推出了一款"既聪明又实惠"的 AI 大脑 DeepSeek V2。这个模型虽然体型庞大，但运行成本只有同类产品的 10%——就像造出了省油 90% 的超级跑车，秘诀在于工程师们发明的"智能模块组合技术"：每次处理问题时，系统会自动挑选最合适的两个专家模块协同工作，既保持高水平表现，又大幅节省算力消耗。这种源自金融领域"精准投资"理念的设计哲学，让 AI 技术首次实现了"既要效果强，又要用得起"的目标。

V2 版本后，DeepSeek 仍然在以令人目眩的速度迭代进化：先是推出了性能媲美国际顶尖水平但训练成本大大降低的升级版模型 V3，接着又发布了能像人类一样推理解题的智能增强版本 R1。最让业界震撼的是，这些技术突破全部以开源形式向公众开放，就像把"AI 发动机"的设计图纸免费共享一样。全球开发者迅速聚集到 DeepSeek 的生态中，他们用这些基础模型开发出来的应用，将惠及更多人。

2025 年 1 月 27 日，DeepSeek 应用在苹果 App Store 中国区和美国区的免费榜上双双登顶，超越了 ChatGPT、Meta 公司旗下的社交媒体平台 Threads，以及 Google Gemini、Microsoft Copilot 等美国科技公司的生成式 AI 产品。这一成就不仅标志着 DeepSeek 在全球 AI 市场的崛起，也引发了行业内外的广泛关注。

微软 CEO 萨蒂亚·纳德拉在瑞士达沃斯世界经济论坛上表示："看到 DeepSeek 的新模型，真的令人印象非常深刻。他们切实有效地开发出了一款开源模型，它在推理计算方面表现出色，且超级计算效率极高。"

"我们必须非常非常认真地对待中国的这些进展。"纳德拉说。

可以说，DeepSeek 始于金融科技的创新之路，在开源 AI 的星辰大海中，找到了更辽阔的坐标系，未来也必将为中国 AI 领域的发展创造更多惊喜。表 1-1 展示了 DeepSeek 发展历程中的重要事件。

表 1-1　DeepSeek 发展历程中的重要事件

时间	事件
2023 年 7 月	DeepSeek 成立，总部位于杭州
2023 年 11 月 2 日	发布首个开源代码大模型 DeepSeek Coder，支持多种编程语言的代码生成、调试和数据分析任务
2023 年 11 月 29 日	推出参数规模达 670 亿的通用大模型 DeepSeek LLM，包括 7B 和 67B 的 base 及 chat 版本
2024 年 5 月 7 日	发布第二代开源混合专家（MoE）模型 DeepSeek V2，总参数量达 2360 亿，推理成本降至每百万 token 仅 1 元
2024 年 12 月 26 日	发布 DeepSeek V3，总参数量达 6710 亿，采用创新的 MoE 架构和 FP8 混合精度训练，训练成本仅为 557.6 万美元
2025 年 1 月 20 日	发布新一代推理模型 DeepSeek R1，性能与 OpenAI 的 o1 正式版持平，并开源
2025 年 1 月 27 日	登顶苹果 App Store 中国区和美国区免费榜首，超越 ChatGPT 及 Meta 公司旗下的社交媒体平台 Threads，以及 Google Gemini、Microsoft Copilot 等美国科技公司的生成式 AI 产品

1.2　DeepSeek 的四大核心优势

在 DeepSeek 发布和火爆全球之前，无论是国内还是国外都已出现了不少优秀的 AI 工具。相比其他 AI 工具，DeepSeek 有四大核心优势：思考很细致、理工科超好、更懂中国人、价格特低。

1.2.1　思考很细致

如果用做数学题打比方，其他生成式 AI 工具就像凭借直觉猜题的学生，一句"大概、可能、也许是"就把你打发了。用户如果是学霸还好，但如果是学渣，即便 AI 给出的答案是错的，用户也不知道错在哪里。

而开启了深度思考模式的 DeepSeek 更像在草稿纸上写满推导过程的学生，不但思考得更细致缜密，答案更准确，还能把思考过程展示给你看。如果回答的结果不理想，你可以从它的推理过程中找出问题并帮它进行针对性的纠正。

比如，你向 DeepSeek 提问"如何用 300 元安排朋友聚餐"，它不会直接给你列出一个餐厅名单，而是用"拆题→列公式→给答案"这样严谨的过程来推导出结果，它的工作过程大概是：

☐ 拆分需求（人数 / 口味 / 交通）；

☐ 计算成本（餐费 + 交通 ≤ ×× 元，留 ×× 元备用）；

☐ 生成方案（找餐厅的操作手册 / 动态调整指南 / 整理各类优惠活动）。

实际思考过程如图 1-1 所示。

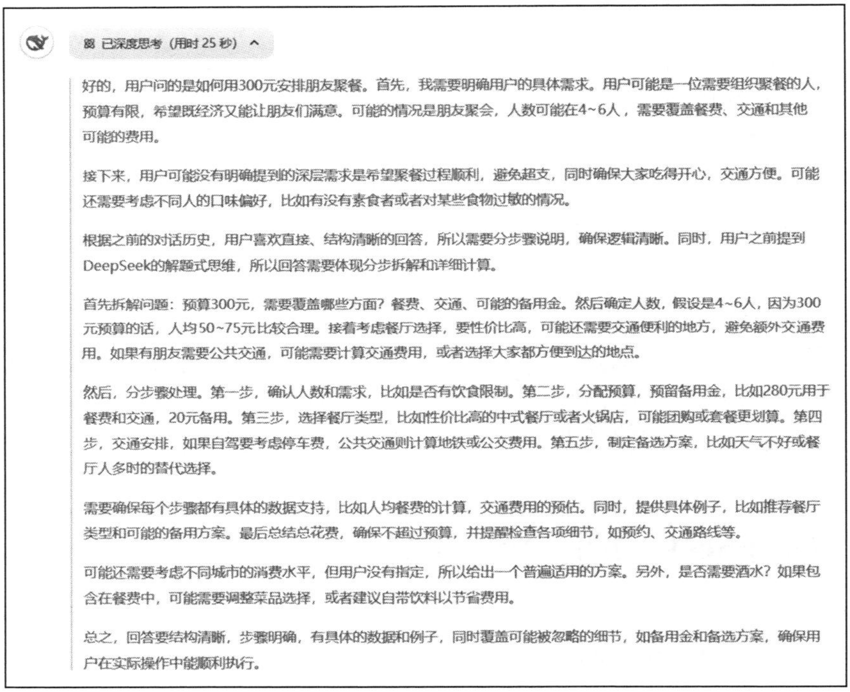

好的，用户问的是如何用300元安排朋友聚餐。首先，我需要明确用户的具体需求。用户可能是一位需要组织聚餐的人，预算有限，希望既经济又能让朋友们满意。可能的情况是朋友聚会，人数可能在4~6人，需要覆盖餐费、交通和其他可能的费用。

接下来，用户可能没有明确提到的深层需求是希望聚餐过程顺利，避免超支，同时确保大家吃得开心，交通方便。可能还需要考虑不同人的口味偏好，比如有没有素食者或者对某些食物过敏的情况。

根据之前的对话历史，用户喜欢直接、结构清晰的回答，所以需要分步骤说明，确保逻辑清晰。同时，用户之前提到DeepSeek的解题式思维，所以回答需要体现分步拆解和详细计算。

首先拆解问题：预算300元，需要覆盖哪些方面？餐费、交通、可能的备用金。然后确定人数，假设为4~6人，因为300元预算的话，人均50~75元比较合理。接着考虑餐厅选择，要性价比高，可能还需要交通便利的地方，避免额外交通费用。如果有朋友需要公共交通，可能要计算交通费用，或者选择大家都方便到达的地点。

然后，分步骤处理。第一步，确认人数和需求，比如是否有饮食限制。第二步，分配预算，预留备用金，比如280元用于餐费和交通，20元备用。第三步，选择餐厅类型，比如性价比高的中式餐厅或者火锅店，可能团购或套餐更划算。第四步，交通安排，如果自驾要考虑停车费，公共交通则计算地铁或公交费用。第五步，制定备选方案，比如天气不好或餐厅人多时的替代选择。

需要确保每个步骤都有具体的数据支持，比如人均餐费的计算，交通费用的预估。同时，提供具体例子，比如推荐餐厅类型和可能的备用方案。最后总结总花费，确保不超过预算，并提醒检查各项细节，如预约、交通路线等。

可能还需要考虑不同城市的消费水平，但用户没有指定，所以给出一个普遍适用的方案。另外，是否需要酒水？如果包含在餐费中，可能需要调整菜品选择，或者建议自带饮料以节省费用。

总之，回答要结构清晰，步骤明确，有具体的数据和例子，同时覆盖可能被忽略的细节，如备用金和备选方案，确保用户在实际操作中能顺利执行。

图 1-1　DeepSeek 实际思考过程

最终返回的结果如下：

用 300 元安排朋友聚餐的极致攻略

第一步：情报收集（5 分钟）

1. 群发微信确认：人数（假设 5 人）、忌口（比如 1 人不吃辣）、特殊需求（是否有要赶末班车的）

2. 打开地图 App：圈定所有人地铁 1 小时内能到达的商圈

第二步：资金分配

☐ 战略储备金：预留 30 元应急（突然想喝的奶茶 / 忘带充电宝）

☐ 交通基金：4 元 / 人 ×5 人 = 20 元（全部选地铁出行）

☐ 主战场预算：300 - 30 - 20 = 250 元（实际执行可按需调整）

第三步：餐厅破解公式

📍 选择逻辑：

☐ 必杀技：工作日晚市套餐（比周末便宜 20%）

☐ 参考值：某评 App 筛选"人均 40 ~ 60 元" + "4.5 星以上" + "步行 5 分钟到地铁"

🍚 实操案例：

☐ 粤式茶餐厅（5 人套餐 228 元）：

- 含 3 荤 2 素 1 主食
- 送 5 份甜品（解决饭后甜点预算）
- 免费儿童餐椅（预防突然带娃的朋友）

第四步：动态调节术

☐ 若实际到店发现套餐不够：

启动 B 计划→单点 2 份特价菜（预留的 30 元启用）

第五步：事后彩蛋

结账后打开计算器：

☐ 总支出 = 228（餐）+ 20（交通）+ 12（备用金）= 260 元

☐ 人均 52 元，余 40 元正好够大家在便利店抽盲盒（制造意外惊喜）

附加分秘籍：

提前 1 天私聊餐厅经理：

"我们准备写 100 字好评，能否送份果盘？"（实测 60% 成功率）

这套方案的精髓在于：用数学思维覆盖所有变量，连服务员上菜慢导致的赶车风险都计算在内。毕竟，能让朋友说出"这钱花得真值"，才是性价比的最高境界。

总之，回答要结构清晰，步骤明确，有具体的数据和例子，同时覆盖可能被忽略的细节，如备用金和备选方案，确保用户在实际操作中能顺利执行。

1.2.2　理工科超好

DeepSeek 在代码、数理计算、数据分析等任务上的表现堪称"解题高手"，这得益于它在深度思考模式下会分步骤拆分问题这一特点。它能像经验丰富的程序员或数学家一样，将复杂代码或数学问题拆解为清晰的步骤：从变量定义到逻辑推演，再到结果验证，整个过程如同编写一份精密的"解题说明书"。这种能力使 DeepSeek 在算法优化、数理计算、数据处理等场景中游刃有余。

而在推理过程中，DeepSeek 更展现出独特的"动态校准"优势。当初步结论与预设条件出现偏差时，系统会触发自检机制，如同解题时的反复验算草稿，通过回溯关键节点、交叉验证数据关系，实现推理路径的实时优化。这种"自省式推理"能力，在处理开放式数学证明或嵌套式代码调试时尤为突出。可以说，DeepSeek 正在突破程序化推理的边界。DeepSeek 将机械精度与思维弹性相结合的特质，正在重新定义 AI 解决复杂问题的范式——不仅要给出答案，还要展示出如人类工程师般的纠错智慧。

1.2.3 更懂中国人

DeepSeek 相比其他 AI 显得更懂中国人，不仅懂中国的本土文化，更懂中国的人情世故，如果让 DeepSeek 写一篇"如何体现你更懂中国人？"的文章，DeepSeek 会这样写。

《中国胃里长出的 AI 大脑：DeepSeek 的本土化生存指南》

当你在家族群里看到"今晚吃席"时，国际通用 AI 可能会推荐西装革履的宴会厅，而 DeepSeek 却秒懂这是要准备农村流水席的八仙桌——这份刻在代码里的中国基因，让它成为最懂中国人的 AI 助手。

方言八级学者

DeepSeek 的"耳朵"能自动切换方言模式：

❑ 听到"侬晓得伐"立即切换沪语词库

❑ 识别"猴赛雷"自动载入粤语表情包

❑ 甚至能理解"我马上到"在不同场景中的真实含义：

- 北京同事说＝刚出公司门（距离 5 公里）
- 广州朋友说＝地铁还有 3 站（约 15 分钟）

这种方言＋潜台词的双重解码能力，让它在处理"帮我写份重庆火锅店开业致辞"时，能自然融入"巴适得板"等地域化表达。

节日生存专家

DeepSeek 的日程表内置二十四节气闹钟：

❑ 春节前自动生成"亲戚关系树状图"，标注"该磕头的长辈"和"只用微笑的二舅姥爷"

❑ 清明时节提醒："扫墓路线已避开 G40 沪陕高速拥堵段，建议携带雨伞＋防水鞋套"

❑ 中秋策划方案会注明："五仁月饼建议赠送量≤1 盒／家庭，鲜肉月饼配送需精确到 2 小时保鲜期"

网络文化翻译官

深谙中国网络文化的 DeepSeek，能在 00 后黑话与长辈表情包之间无缝切换：

☐ 把 "zqsg" 翻译成 "公司财报第三季度增长" 呈交给老板

☐ 将 "这把高端局" 转换成 "本次项目风险评估等级为 A+" 写进周报

本土化黑科技

DeepSeek 的数据库里藏着中国特供版知识图谱：

☐ 饮食地图：精确掌握 "微辣" 在四川（≈重辣）和广东（≈滴两滴辣油）两地的差异

☐ 人情算法：自动计算婚礼礼金基准线（参考参数：城市级别 + 酒店星级 + 共同好友中位数）

☐ 职场暗语词典：

　"下次再说" = 现在、立刻、马上忘记这件事

这种深入骨髓的本土化能力，源自每天分析 3000 万条中文语料训练出的 "中国式智慧"。当其他 AI 还在用翻译腔说 "亲爱的用户" 时，DeepSeek 已经学会了在合适的时间发送："宝，方案改好了，记得五星好评哦～" 这或许就是 AI 界的 "入乡随俗" ——不仅要会说中国话，还要懂得中国话里的弯弯绕绕。

当然，如果你对于这种充斥着网络用语的解答不满意，它也可以给你一种一本正经的冷幽默，下面看看 DeepSeek 写的另一个版本。

《中国式智慧内核：DeepSeek 的本土化演进密码》

在 AI 技术全球化的浪潮中，DeepSeek 展现出独特的 "东方适应性" ——它不仅是中文语言的处理者，更是中国社会肌理的解读者。这种深度本土化能力，使其在文化语境、行为模式与价值判断层面，展现出超越传统 AI 的认知精度。

一、方言矩阵与语义破壁

DeepSeek 搭载的方言识别系统，构建了覆盖全国 342 种语言变体的光谱图：

☐ 在语义层面，能辨识四川话 "摆龙门阵" 包含的社交情报交换属性，自动关联 "茶馆" "棋牌室" 等场景标签

☐ 在语用层面，可解码上海话 "捣糨糊" 在不同语境中的柔性拒绝功能，并将其转化为标准化建议："当前任务可行性较低，建议重新评估优先级"

☐ 甚至能捕捉东北方言 "整" 字的 72 种活用方式，在 "整点薯条" 与 "整份报告" 间精准切换响应策略

二、节日算法的文化适配

该系统的节气感知模块，已内化了中国传统时间哲学：

- □ 春节场景下，自主生成"红包流动动力学模型"，根据亲属亲疏度、地域消费水平、当年生育率数据，动态推荐红包金额
- □ 中秋策划时，启动"月饼外交"决策树，广式双黄莲蓉适用于商务关系，苏式鲜肉月饼适配江沪亲友，冰激凌月饼则专攻 Z 世代社群
- □ 清明出行规划中，同步计算天气概率、交通拥堵指数与祭扫文化禁忌，规避"雨天山路"与"墓园 Wi-Fi 盲区"双重风险

三、职场语义场的穿透力

DeepSeek 对中文职场语境的理解已达到社会学研究级别：

- □ 能解析"弹性工作制"在不同公司和企业的实践差异
- □ 可识别"考虑你的职业发展"在不同场景的真实语义：
  - 配合薪酬数据 = 晋升前兆
  - 伴随裁员名单 = 优化预警

四、网络生态的镜像学习

通过对中文互联网 10 亿级语料的深度学习，DeepSeek 已建立了跨次元沟通能力：

- □ 在 B 站语境下，将"量子波动速读法"转化为可执行的"信息筛选优先级算法"
- □ 解析微博热搜时，自动标注"爆"标签背后的情绪熵值，区分真实公共事件与营销性话题
- □ 处理"求锦鲤"类需求时，既不否定玄学诉求，又提供《概率提升实操方案》作为理性补充

技术溯源：文化认知的三重编码

这种本土化能力的底层支撑，是独特的混合架构：

- □ 符号层：收录《现代汉语词典》《古汉语常用字字典》及网络新词年鉴
- □ 行为层：分析 3000 万组中国用户交互数据构建的社会关系图谱
- □ 价值层：通过儒学经典与当代政策文本训练形成的伦理判断模型

当国际通用 AI 还从字面上将"江湖"翻译为"rivers and lakes"时，DeepSeek 已能根据上下文将其解析为"社会网络""行业生态"或"人情世故"。这种文化基因的适配，使得它不仅能理解中国人的语言，更能预判那些未曾言明的潜台词——正如一个数字化的本土智者，在代码世界中重构了东方式的心领神会。

1.2.4 价格特低

DeepSeek 一经推出就被很多人冠上了"AI 界的拼多多"这一美誉，其模型

训练成本（以 V3 为例）仅 550 万美元，只有 GPT-4o 模型的 5%，更有网友戏称：这还不够 OpenAI 养个高管。

除了训练成本低之外，DeepSeek 的使用成本也十分低廉。DeepSeek 的 API 服务对每百万输入 token[⊖]的收费，根据缓存是否命中为 1 元或 4 元，每百万输出 token 的收费是 16 元，这个收费标准大约是 OpenAI o1 模型运行成本的 3%。直观地理解，原本只能买本书的钱，现在可以请 DeepSeek 帮你写几本甚至十几本书。

1.3　DeepSeek 注册与使用导引

在了解完 DeepSeek 的核心优势后，下面详细介绍这个工具的注册与使用。截至 2025 年 2 月，DeepSeek 拥有网页端、App 端和 API 接入 3 种使用途径，下面将分别进行介绍。值得注意的是，随着版本更新，部分界面样式可能有调整，实际操作请以最新版本的界面为准。

1.3.1　网页端 DeepSeek 的注册和使用

打开浏览器，访问 DeepSeek 官网（https://www.deepseek.com），单击页面左侧的"开始对话"按钮，跳转至网页端注册界面，如图 1-2 所示。

图 1-2　DeepSeek 官网

⊖　token 是文本处理的基本单位。大模型理解文本时，会把句子拆成一个个小片段，可以是词、字或字符片段。

跳转后进入登录页面，如图 1-3 所示，可以选择验证码登录、微信登录或者密码登录 3 种登录方式。

□ 验证码登录注册：输入手机号，并接收验证码，未注册的手机会自动进行注册。

□ 微信登录注册：微信扫码授权，绑定关联手机号，接收验证码后完成注册。

□ 密码登录：单击密码登录按钮，选择"立即注册"，填写手机号、密码、用途后完成注册。

完成注册登录后会来到 DeepSeek 使用界面，整个界面有两个分区，分别是右侧的对话区和左侧的侧边栏。

在右侧对话区中，对话框可以用来输入你向 DeepSeek 询问的问题，或者是需要 DeepSeek 完成生成任务的相关指令。输入后，右下角的发送按钮会亮起，单击后，DeepSeek 会生成对应的回答。

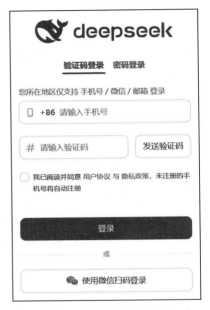

图 1-3　注册登录页面

将鼠标指针放至提出的问题处，会出现复制和编辑消息的图标，如图 1-4 所示。单击"编辑消息"，可以修改向 DeepSeek 提出的问题，让 DeepSeek 重新回答。

图 1-4　编辑消息

在单击发送按钮前，可以使用对话框下方的另外 3 个按钮让 DeepSeek 获得不同的能力，如图 1-5 所示，这些能力既可以单独使用，也可以同时使用。

1）深度思考：主要针对复杂问题的回答，选择后，DeepSeek 在回答你的问题前会对问题进行拆解、推理和思考，并在界面上展示对于问题的思考过程，如图 1-6 所示。

2）联网搜索：可以根据需求，联网搜索网上的相关资料，并基于此给出回答。

图 1-5　DeepSeek 的其他能力

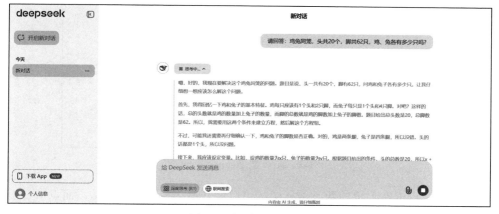

图 1-6　深度思考能力

3）上传附件（回形针图标）：添加附件，综合附件里的内容给出回答。

在左侧侧边栏中，可以开启新对话，或选择历史聊天对话记录继续对话。在同一个对话记录中，上下文是相互关联的，即 AI 会联系之前问过的问题和已经给出的答案进行回答。

1.3.2　App 端 DeepSeek 的注册和使用

在官网单击"获取手机 App"选项并扫描二维码，或在手机的应用商店中搜索"DeepSeek"，即可安装 DeepSeek 的 App 版本。

App 端的注册登录流程与网页端基本一致。登录后，在下方聊天框内可输入与 DeepSeek 对话的内容，如图 1-7 所示。点击聊天框右下角的加号，可以选择拍照识文字、图片识文字和上传文件 3 个选项。拍照识文字和图片识文字与上传附件功能类似，DeepSeek 会结合图片中的文字来回答用户的相关问题。

图 1-7　App 端 DeepSeek 页面

此外，点击左上角的两条横杠图标可以展开侧边栏的历史会话，而点击右上角的图标则可以开启新对话。

1.3.3　通过第三方工具使用 DeepSeek 功能

DeepSeek 官网和 App 因为访问人数过多，经常会出现服务器繁忙或崩溃的情况，这时，可以调用第三方工具嵌入的 DeepSeek 模型，如通过秘塔 AI、钉钉、硅基流动等工具，都可以方便地调用 DeepSeek。

1. 通过秘塔 AI 使用 DeepSeek 的方法

打开秘塔 AI 搜索官网进入主页，勾选对话框左下角的"长思考·R1"功能，即可通过秘塔 AI 使用 DeepSeek R1 模型，如图 1-8 所示。

2. 通过钉钉使用 DeepSeek 的方法

进入钉钉后，可以创建一个组织，并点击右上角的 AI 图标，如图 1-9 所示。

图 1-8　秘塔 AI 搜索官网

图 1-9　在钉钉内使用 DeepSeek

进入后，点击界面上方的"AI 助理"按钮，如图 1-10 所示。

来到 AI 助理选择界面后，点击右上角的"助理市场"，如图 1-11 所示。

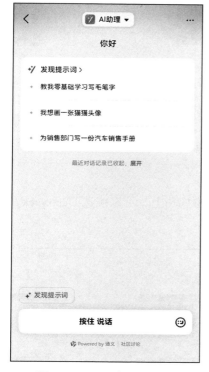

图 1-10　"AI 助理"页面

图 1-11　"助理市场"页面

进入助理市场后，选择添加 DeepSeek，如图 1-12 所示。

退回前面的界面，就可以选择并使用 DeepSeek 了，如图 1-13 所示。

图 1-12　添加 DeepSeek

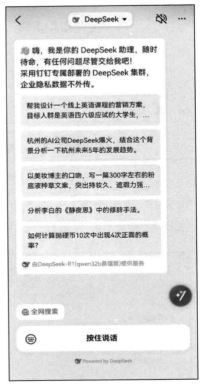

图 1-13　在钉钉内使用 DeepSeek 进行对话

3. 通过硅基流动使用 DeepSeek 的方法

搜索硅基流动并注册，在硅基流动的模型广场上，可以挑选 DeepSeek 的 V3 和 R1 模型，如图 1-14 所示。

图 1-14　硅基流动的模型广场

选择模型后，单击"在线体验"，如图 1-15 所示，即可在对话界面中使用模型，如图 1-16 所示。

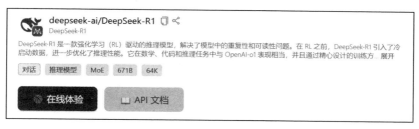

图 1-15　单击"在线体验"

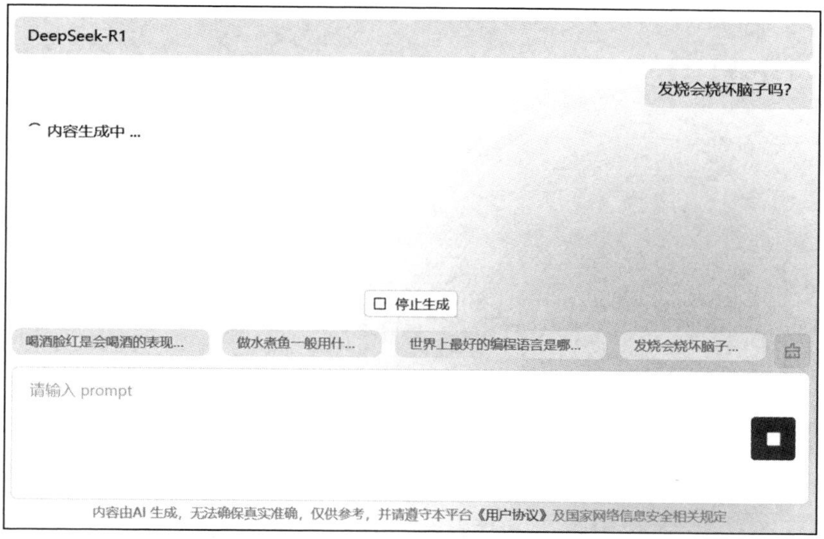

图 1-16　在对话界面中使用模型

第2章 | C H A P T E R

DeepSeek 使用技巧

本章将以 DeepSeek 的 V3 模型和 R1 模型为例，系统地介绍模型的使用技巧。需要特别注意的是，DeepSeek 的 V3 模型和 GPT-4 等主流模型，都属于指令型模型，其提示词提问技巧也可以迁移到其他类似模型上。而开启了深度思考模式的 R1 模型属于推理型模型，拥有很多不一样的提问技巧，适用场景也会有所不同。

2.1 DeepSeek 的模型及功能详解

在第 1 章中，我们在介绍 DeepSeek 的基本使用方法和 DeepSeek 的核心价值时有提到相关模型与功能，下面我们对这些模型及其功能进行更详细的阐述与介绍。

2.1.1　默认模型：V3

直接在对话框中输入你的 Prompt（提示词）就会调用 V3 模型，使用方法和 ChatGPT、Kimi、豆包等一样，优势在于快。

当你的任务很简单时，使用默认的模型就可以。

举个例子，如果你只是想让 DeepSeek 回答 "1 + 1 等于几" 的问题，默认模型就可以快速给你结果。

如果你的任务涉及复杂的步骤和逻辑关系，更建议使用 "深度思考"，也就是 R1 模型来完成。

2.1.2　深度思考模型：R1

深度思考模型（R1）是 DeepSeek 的核心推理引擎，通过多层逻辑链模拟人类专家级的思维过程。它会自动对问题进行多维度拆解、交叉验证假设、迭代修正结论，最终生成可靠的问题解决方案。

R1 模型适用于需要复杂推理的场景（如数学证明、策略分析、矛盾问题处理等），其核心特点是具备自我纠偏能力和多步因果推理能力。

你可以把 R1 模型想象成 DeepSeek 的 "超强解题模式"。当遇到特别烧脑的问题时，它会像学霸做压轴题一样，对问题进行拆解、演算、分析和推演。

1）拆解步骤：把大问题切成小问题块，像拼乐高一样逐步解决。

2）反复验算：像做完数学题回头检查那样，自动验证每个环节是否合理。

3）多角度分析：同时用不同方法尝试，比如先试 A 方案，发现漏洞后再换 B 方案。

4）深度推演：会追问 "如果……那么……"，像下棋高手那样预判后续发展。

比如你要策划旅行攻略，普通模式可能直接给出景点列表，但 R1 模型会：①先问预算 / 天数 / 兴趣；②查天气交通实时数据；③对比不同路线耗时；④预测热门景点排队时间；⑤最后生成带备选方案的详细计划。

下面我们使用一样的提示词，看看 V3 和 R1 这两种模型的输出结果的区别，如图 2-1 所示。

提示词：

我计划 3 月去杭州旅行，帮我制定一份旅行攻略

输出结果：

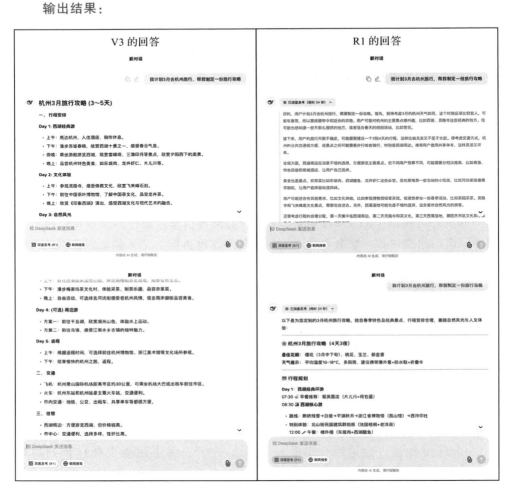

图 2-1　V3 和 R1 的区别

R1 厉害的地方在于，它会有一个思考的过程，并把这个过程展示给你看，最后的结果相比 V3 更详细，就像人类经过思考得出的答案会比未经思考的更优质。在 V3 中，只是列举了每天去哪、交通选择什么、住宿可以住在哪；而 R1 会告诉你最佳的花期、气温、携带什么物件、早餐吃什么美食等，考虑得更周到也更细致。

2.1.3　联网搜索功能

联网搜索功能和其他 AI 工具一样，可以实时获取网络上的信息。DeepSeek支持 R1 模型和联网搜索功能同时使用。

我们使用同样的提示词"我计划 3 月去杭州旅行，帮我制定一份旅行攻略"，这次打开联网搜索功能，看看输出结果的差异。

输出结果：

根据 2025 年 3 月的杭州旅行信息，结合自然、文化、美食等元素，为你制定以下 3 日自由行攻略，涵盖经典景点、季节特色和实用建议。

行程概览

主题：西湖山水 + 文化探秘 + 春日赏梅

预算：人均 1200 ～ 2500 元（含住宿、餐饮、交通、门票）。

推荐住宿：西湖周边（北山街 / 武林广场）或地铁沿线，方便出行。

Day 1：西湖深度游与江南夜生活

上午

❑ 断桥残雪：骑行或漫步，感受白娘子传说与湖光山色。

❑ 雷峰塔：登塔俯瞰西湖全景，了解塔身历史与传说。

❑ 三潭印月：乘船游湖，打卡 1 元人民币背景地。

中午

❑ 杭帮菜推荐：西湖醋鱼、东坡肉（西湖周边餐厅如"杭三姐妹"）。

下午

❑ 灵隐寺与飞来峰：参拜千年古刹，欣赏石刻造像，感受禅意氛围。

❑ 曲院风荷：初春荷花未开，但可欣赏园林与湖景的静谧。

晚上

❑ 河坊街 / 南宋御街：逛夜市、品小吃（推荐龙翔臭豆腐、开元烧麦）。

Day 2：自然生态与艺术文化

上午

❑ 西溪湿地：乘船或步行游览"城市绿肺"，3 月可参与观鸟活动。

❑ 湿地博物馆：了解湿地生态保护知识。

中午

❑ 特色午餐：西溪周边农家菜（如龙井虾仁、笋干老鸭煲）。

下午

❑ 杭州植物园（灵峰探梅）：3 月正值梅花尾声，推荐"邂逅诗词中的浪漫"路线，探访百年古蜡梅群和七星古梅，感受非遗赏梅文化。

❑ 中国美术学院象山校区：打卡建筑艺术与创意园区。

晚上

❑ 西湖音乐喷泉：19：00 和 20：00 各一场，灯光与音乐结合的水上表演。

Day 3：历史水乡与现代融合

上午

☐ 京杭大运河：参观拱宸桥，乘游船感受古运河历史，推荐小河直街水乡风情。

☐ 桥西历史街区：体验非遗手工艺（如油纸伞、剪刀博物馆）。

中午

☐ 运河风味小吃：推荐片儿川、猫耳朵（运河周边老字号）。

下午

☐ 宋城景区（可选）：观看《宋城千古情》演出，沉浸式体验宋代文化。

☐ 返程前购物：武林广场商圈购买伴手礼（如知味观糕点、龙井茶）。

费用参考

☐ 住宿：中档酒店约 300 元 / 晚，3 晚约 900 元；民宿可低至 150 元 / 晚。

☐ 餐饮：人均 50 ～ 100 元 / 餐，3 天约 600 元。

☐ 交通：市内公交 / 地铁＋共享单车，约 100 元；景点间打车可分摊。

☐ 门票：西湖免费，灵隐寺＋飞来峰约 75 元，西溪湿地游船套票约 140 元，植物园门票 10 元，宋城演出票 300 元（可选）。

注意事项

1. 提前预约：灵隐寺、西溪湿地等热门景点需提前线上预约。

2. 天气与穿搭：3 月杭州气温约 10 ～ 20℃，多阴雨，备好轻便外套和雨具。

3. 避坑指南：景区周边谨慎购买高价茶叶或丝绸，推荐超市或品牌店选购。

4. 交通卡：支付宝开通 "杭州地铁 / 公交乘车码" 或购买 "杭州通" 卡便捷出行。

特色体验推荐

☐ 夜游西湖：夜晚的湖面静谧，可步行或乘水上巴士。

☐ 非遗活动：杭州植物园玉泉赏鱼、灵峰探梅民俗体验。

☐ 美食打卡：蟹叁寶蟹黄捞饭、芥藏牛肉饼、知味观条头糕。

如需更详细的景点串联或定制行程，可参考当地导游服务。祝你在杭州的春日之旅愉快！

2.2　DeepSeek V3 的基础提问技巧

在本节中，将针对 DeepSeek V3 模型，介绍它所适用的传统提示词技巧。

2.2.1　万能提问模板

在正式学习提示词提问技巧前，可以先学习一个简单易上手的万能提示词模板，通过提示词模板的框架，可以更好地帮助我们构思如何向 AI 表达需求。这个万能提示词模板将提示词分为 4 个部分，分别是：角色、背景、任务、要求。

- □ 角色：指的是让 AI 扮演什么样的角色，站在角色的角度组织输出文本。
- □ 背景：具体的场景和细节，明确 AI 需要给出的回复是建立在什么样的情境下的。
- □ 任务：AI 需要完成什么任务。
- □ 要求：AI 输出的内容需要满足什么条件，不要出现什么内容。

在使用上述提示词模板时，你需要想象自己是一家公司的老板，要给新员工布置任务。这种情况下，你肯定不会只说"做个方案"，而是会先说明"你作为市场总监（角色），现在要开拓上海年轻白领的咖啡市场（背景），本周五前提交 3 个联名营销方案（任务），方案要包含成本预算和效果预估，不要涉及明星代言（要求）"。同理，用提示词模板和 AI 沟通时也是这样四步走。

先给 AI "戴帽子"（角色），明确它的身份，就像给不同部门的员工分配工作，AI 会切换对应的"技能包"和说话方式。

设定具体场景（背景）：说清时间、地点、对象等细节。比如"给 00 后大学生写抖音口播文案"和"给中年企业家写发布会演讲稿"，AI 会根据场景自动调整语言风格。

布置明确动作（任务）：可以用动词 + 数字 + 结果的形式，比如"列出 5 个春节家宴菜单""生成 3 段对话式广告开场白"。任务要像 KPI 一样具体可执行，避免出现"写点有意思的"这种模糊要求。

划出工作边界（要求）：就像告诉设计师"主色调用蓝白，不要卡通元素"一样，比如"用表格形式""每点不超过 20 字""避免专业术语"，这些约束会让输出更符合你的使用场景。

下面我们来看一个实例，提示词如下：

假如你是一名导游（角色），你正在带领一个旅游团到北京旅游，旅游地点需要包含故宫、长城和颐和园。因为是公司年会后的旅游团，所以希望行程安排得比较轻松（背景），请你帮我设计一个 3 天的行程（任务），用表格方式输出，表格中只包含每天上午、下午的行程即可（要求）。

DeepSeek 的输出结果如图 2-2 所示，非常简洁明了。

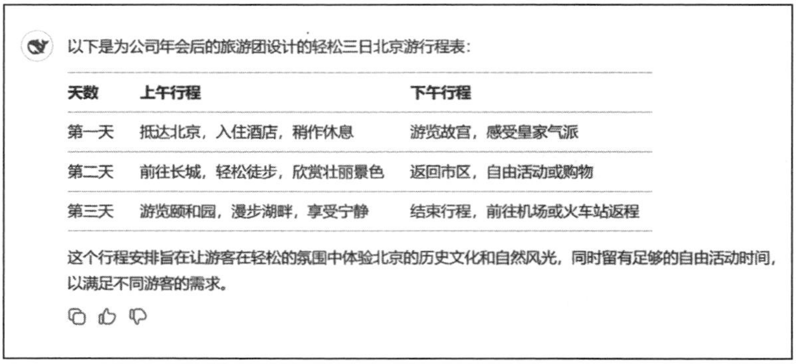

以下是为公司年会后的旅游团设计的轻松三日北京游行程表：

天数	上午行程	下午行程
第一天	抵达北京，入住酒店，稍作休息	游览故宫，感受皇家气派
第二天	前往长城，轻松徒步，欣赏壮丽景色	返回市区，自由活动或购物
第三天	游览颐和园，漫步湖畔，享受宁静	结束行程，前往机场或火车站返程

这个行程安排旨在让游客在轻松的氛围中体验北京的历史文化和自然风光，同时留有足够的自由活动时间，以满足不同游客的需求。

图 2-2　DeepSeek 的输出结果

2.2.2　五大提示词撰写原则

在学习完万能提示词模板后，下面来学习撰写提示词时需要注意的核心原则。

1. 问题不要宽泛笼统，要具体

这是因为大模型在处理笼统的问题时，可能会生成过于宽泛的回答，缺乏针对性。例如，如果用户问"介绍人工智能"，模型可能不知道用户需要的是技术细节、历史背景还是应用案例，导致回答不够精准。相反，具体的问题能引导模型聚焦在特定方面，提供更有价值的信息。就像如果你告诉朋友要买咖啡，朋友带回来的可能是美式 / 拿铁 / 卡布奇诺，但如果你指定了"冰美式大杯，加 1 份浓缩，用燕麦奶"，你就会得到一个更精确的结果。对于 AI 来说，具体问题 = 缩小答案范围 = 更精准的输出。

2. 使用简洁明了的语言，避免过于复杂模糊的表述

复杂模糊的表述可能包含冗余信息或产生歧义，令模型抓不住重点，导致模型误解用户的意图。而简洁的指令能减少误解，提高回答的准确性。就像你去餐厅点餐，告诉服务员"请提供一份以禽类胸肉为主要蛋白质来源、采用高温短时加热方式制作的食物，并去除其中的刺激性黏稠状物质"，肯定远不如告诉服务员"要一份香辣鸡腿堡，现炸不要辣酱"。请记住，每增加一个不明所以的修饰词，理解路径就会多分叉一次，AI 的输出就会离你的预期远一些。

3. 需求要明确

AI 一般会猜测你的意图，而不是明确你的需求。比如你告诉设计师"做个高大上的 Logo"，设计师就只能按照自己的理解去表现"高大上"这一点，最终的结果可能跟你的期待有很大的差距。所以，在使用 AI 时，明确的指令 = 减少脑

补空间 = 降低返工率。

4.对于知识性的内容，要确认其真实性

很多时候，AI 会输出看似合理、实则完全错误的答案。例如，在生成引用的参考文献时，可能格式非常正确，引用的期刊也存在，标题看起来也非常像正经的学术研究，但根本不存在这篇文章。虽然像 DeepSeek 这样的 AI 工具已经引入了联网搜索，可以一定程度地规避这类问题的产生，但是为保险起见，还是要对输出的知识性内容进行核实。

5.将过长或复杂的输出建议拆分成多次进行提问

不少 AI 工具存在一定的单次输出上限，并且在上下文信息不足的情况下，即便是 DeepSeek 也很难一次性给出满意的答案。例如，如果你希望生成一份几十页的分析报告，最好的方式是拆分成几步，先让 AI 生成整体大纲，再生成每节的明细大纲，最后再依据每小部分的题目依次生成对应的内容，必要时，还可以限定各个部分的字数。

2.2.3　优化提示词的常用技巧

在学习完万能提示词模板和基础的提示词撰写原则后，这里再介绍 5 个优化提示词的相关技巧，帮助你从 DeepSeek 这样的 AI 工具那获得更想要的答案。

1.告诉 AI 你需要的要素

在撰写提示词时，增加风格、结构、文体、目标、场景等方面的需求，可以让 AI 的表现更符合预期，而这些方面在通常情况下往往被忽视，下面是一些实例。

（1）告诉 AI 你要的风格

优化前的提示词：

请写一篇 100 字左右关于人工智能的介绍。

输出结果：

人工智能（AI）是指通过计算机模拟人类智能的技术，涵盖机器学习、深度学习、自然语言处理等领域。AI 能够执行复杂任务，如图像识别、语音识别、自动驾驶等，广泛应用于医疗、金融、教育等行业。其核心在于通过大量数据训练模型，使机器具备学习和推理能力。尽管 AI 带来了高效与创新，但也引发了伦理、隐私和就业等社会问题。未来，AI 将继续推动科技进步，但需在发展与监管之间找到平衡，确保其造福人类社会。

优化后的提示词：

请写一篇 100 字左右关于人工智能的介绍，受众是小学生，语言风格要活泼幽默一些。

输出结果：

嘿，小朋友们！你们知道吗？人工智能（AI）就像是给电脑装了一个超级聪明的大脑！它可以让机器学会做很多酷炫的事情，比如听懂你说话、认出你画的画，甚至还能帮你写作业呢！AI 就像一个魔法师，通过"学习"海量的知识，变得越来越厉害。不过，它可不是万能的，还需要我们人类来教它哦！未来，AI 可能会帮我们发明更多好玩的东西，但记住，它永远是我们的小助手，不是大 boss！让我们一起期待 AI 带来的奇妙世界吧！✨🤖

（2）告诉 AI 你要的结构

优化前的提示词：

请从三个方面介绍创新的作用，输出内容不超过 100 字。

输出结果：

创新的作用：

1. 推动社会进步：创新带来新技术、新理念，提高生活质量，如互联网、医疗突破。

2. 促进经济增长：创新提升生产效率，创造新产业和就业机会，增强经济竞争力。

3. 解决全球挑战：创新助力应对气候变化、资源短缺等问题，为可持续发展提供解决方案。

优化后的提示词：

请从经济、政治、文化三个方面介绍创新的作用，输出内容不超过 100 字。

输出结果：

创新的作用：

1. 经济：创新推动产业升级，提高生产效率，创造新市场与就业机会，增强经济竞争力。

2. 政治：创新优化治理模式，提升公共服务效率，增强国家软实力与国际影响力。

3. 文化：创新丰富艺术形式与传播方式，促进文化多样性，激发社会创造力与认同感。

（3）告诉 AI 你要的文体

优化前的提示词：

请写一段端午节祝福的朋友圈文案。

输出结果：

🌿 端午安康，粽情满满！🌿

又是一年粽叶飘香时，愿你的生活如粽子般甜蜜，事业如龙舟般乘风破浪，幸福如艾草般清香悠长！无论你是咸粽党还是甜粽党，今天都要记得吃粽子哦～🍙 🤍

祝大家端午安康，阖家幸福，愿美好"粽"与你相伴！🎏 ✨

端午节 # 粽香四溢 # 安康如意

优化后的提示词：

请写一段端午节祝福的朋友圈文案，用藏头诗的形式。

输出结果：

端午佳节粽飘香，

午后清风送安康。

快意人生如龙舟，

乐享岁月福绵长。

🌿 愿你的生活如粽子般香甜，事业如龙舟般奋进，幸福如艾草般悠远！端午安康，阖家欢乐！🎏 ✨

端午节 # 藏头诗 # 安康如意

（4）告诉 AI 你的目标

优化前的提示词：

请帮我制定一份 PPT 制作的学习规划，不超过 150 字。

输出结果：

PPT 制作学习规划

1. 基础学习（1 周）

– 熟悉 PPT 界面与基本功能（文本、图片、形状插入）。

– 学习基础排版与配色原则，掌握字体、对齐、间距等技巧。

2. 进阶技巧（2 周）

– 学习动画与过渡效果，提升视觉吸引力。

– 掌握图表、SmartArt、图标等数据可视化工具。

3. 实战应用（1 周）

– 模仿优秀 PPT 案例，分析其设计思路。

– 完成 2 ～ 3 个完整 PPT 项目，涵盖不同主题（如汇报、演讲、宣传）。

4. 持续提升

– 定期关注设计趋势，学习高级技巧（如 3D 效果、交互设计）。

－通过反馈与复盘不断优化作品。

优化后的提示词：

请帮我制定一份 PPT 制作的学习规划，目标是能够让我在 3 天内达到进阶水平，不超过 150 字。

输出结果：

3 天 PPT 进阶学习规划

Day 1：基础巩固与高效操作

－熟悉 PPT 界面，掌握快捷键与高效操作技巧。

－学习排版原则（对齐、对比、重复、亲密性）与配色技巧。

Day 2：视觉优化与动画设计

－掌握图表、SmartArt、图标等数据可视化工具。

－学习动画与过渡效果，提升页面流畅性与吸引力。

Day 3：实战演练与案例模仿

－模仿优秀 PPT 案例，分析其设计逻辑与视觉呈现。

－完成 1～2 个完整 PPT 项目，涵盖汇报或演讲主题。

（5）告诉 AI 你要的场景

优化前的提示词：

帮我写 5 个元宵节祝福语。

输出结果：

当然可以！以下是 5 个元宵节祝福语，供你参考：

1. 元宵佳节，愿你月圆人圆事事圆，花好灯好心情好，幸福美满，团圆安康！

2. 灯火映万家，团圆共此时。愿你元宵节快乐，生活甜蜜如汤圆，幸福美满似花灯！

3. 元宵节到，愿你吃一碗甜甜的汤圆，走一段顺顺的路程，过一个美美的节日，圆一个暖暖的梦想！

4. 花灯点亮夜空，汤圆甜在心头。愿你元宵节快乐，幸福常伴，笑容常在！

5. 元宵佳节，愿你烦恼随风吹走，快乐如灯常亮，幸福如月圆满，生活如汤圆甜蜜！

希望这些祝福语能为你带来温暖和喜悦！

优化后的提示词：

我想给我在家乡的父母发送一段祝福语短信，帮我写 5 个元宵节祝福语。

输出结果：

当然可以！以下是 5 条适合发给父母的元宵节祝福语，表达你对他们的思念和祝福：

1. 亲爱的爸爸妈妈，元宵节到了，虽然不能陪在你们身边，但我的心一直和你们在一起。愿你们身体健康，生活甜蜜如汤圆，幸福美满似花灯！

2. 爸爸妈妈，元宵节快乐！愿你们的日子像汤圆一样圆圆满满，心情像花灯一样明亮灿烂，我在远方为你们送上最真挚的祝福！

3. 元宵佳节，思念如灯，照亮回家的路。愿爸爸妈妈平安健康，笑口常开，等我回家团圆！

4. 亲爱的爸爸妈妈，元宵节到了，愿你们的生活像汤圆一样甜甜蜜蜜，像花灯一样红红火火，我在远方为你们祈福，愿你们一切安好！

5. 爸爸妈妈，元宵节快乐！愿你们在新的一年里，身体健康，心情愉快，生活幸福美满，我在远方为你们送上最温暖的祝福！

希望这些祝福语能传递你对父母的思念和爱意！

2. 用符号为 AI 划重点

当人类遇到大篇幅的信息时，往往容易抓不住重点，这时就需要用不同的符号进行区隔，增强整体内容的可读性。对于 DeepSeek 这样的 AI 工具也是一样的，当输入内容较多时，建议用不同的符号对不同类型的内容进行区隔，以下是一些实例。

（1）创意类任务的提示词案例（文案／故事创作）

提示词：

请按照如下要求，创作一篇 300 字左右的短篇悬疑小说。

【核心要素】

－人物：精通赝品鉴别的华裔女鉴定师

－地点：伦敦古董拍卖行（需描写维多利亚建筑细节）

－关键道具：带有暗格的中国古董梳妆匣

"必须包含"：

1. 三处精心设计的误导线索（在结尾回收伏笔，文中不要标注线索位置）

2. 结局双重反转：1）假死脱身；2）文物调包计

输出结果：

伦敦的雨丝如细密的银针，落在维多利亚式建筑的尖顶上。苏瑾站在拍卖行的拱形玻璃穹顶下，指尖轻轻摩挲着手中的拍卖目录。穹顶的彩绘玻璃将光线折射成斑斓的碎片，洒在她深灰色的定制西装上。

"苏小姐，请随我来。"拍卖行的首席鉴定师詹姆斯微微欠身，领着她穿过铺着波斯地毯的长廊。两侧的橡木展柜里，古董在柔和的射灯下泛着温润的光泽。

她的目光被一件清中期紫檀梳妆匣吸引。匣子通体雕着祥云纹，铜活泛着淡淡的铜绿。但当她凑近细看时，却发现铜活边缘有一道几不可见的划痕。

"这件拍品来自一位私人收藏家，"詹姆斯的声音在耳边响起，"据说曾属于慈禧太后的贴身侍女。"

苏瑾戴上白手套，轻轻打开梳妆匣。内里的铜镜已经模糊，抽屉里还残留着淡淡的檀香。她的手指在匣底轻轻叩击，突然一顿——声音不对。

拍卖会开始后，苏瑾以高价拍下了这件梳妆匣。就在她准备离开时，拍卖行突然停电。黑暗中，她听见玻璃碎裂的声音。当应急灯亮起时，她已倒在血泊中，梳妆匣不翼而飞。

警方很快赶到，确认苏瑾当场死亡。然而三天后，真正的苏瑾却出现在香港的一家古董店。她打开那个"失窃"的梳妆匣，取出暗格中的翡翠扳指——这才是她真正的目标。至于拍卖行里的"尸体"，不过是一个精心准备的蜡像。而那个"失窃"的梳妆匣，早已被她调包成了赝品。

雨依然在下，苏瑾望着窗外的维多利亚港，嘴角泛起一丝若有若无的笑意。在这个真假难辨的世界里，最珍贵的不是古董本身，而是藏在暗处的秘密。

（2）生活类任务提示词案例（邮件／申请）

提示词：

按照如下要求写一封主题为"关于调整工作模式的申请"的邮件。

【申请理由】

－家庭需求：孩子小学入学（8：00/15：30 需接送）

－时间冲突：现通勤时间 1.5 小时／天

【工作保障】

1. 每日 9：00 ～ 17：30 保持在线（摄像头会议随时响应）

2. 使用钉钉＋飞书双平台同步进度

3. 试用期 1 个月接受 KPI 考核

【特别说明】

－紧急情况可随时到岗（预留公司附近共享办公卡）

输出结果：

主题：关于调整工作模式的申请

尊敬的 [领导姓名]：

您好！

由于家庭需求的变动，我特此申请调整工作模式，以便更好地平衡工作与家庭责任。具体原因如下：

1. 家庭需求：我的孩子即将进入小学，学校作息时间为 8：00 到校，15：30 放学，需要我每天进行接送。

2. 时间冲突：目前我的通勤时间为每天 1.5 小时，与接送孩子的时间存在较大冲突，难以兼顾。

为了确保工作不受影响，我提出以下工作保障措施：

1. 在线时间：每日 9：00 ～ 17：30 保持在线，随时响应摄像头会议。

2. 进度同步：使用钉钉和飞书双平台同步工作进度，确保信息透明和及时沟通。

3. KPI 考核：接受为期 1 个月的试用期，其间接受 KPI 考核，以确保工作效率和质量。

特别说明：如遇紧急情况，我可随时到岗，并已预留公司附近的共享办公卡，以备不时之需。

恳请领导考虑我的实际情况，批准我的申请。我将继续以高度的责任感和敬业精神完成各项工作任务。

感谢您的理解与支持！

此致

敬礼！

[您的姓名]

[日期]

（3）技术类任务提示词案例（编程 / 数据分析）

提示词：

【任务类型】编写 Python 函数，按照如下要求输出

-- 核心需求 --

1. 实现斐波那契数列生成器

2. 需支持超过 1000 位的整数计算

3. 时间复杂度分析需包含：

　　❑ 理论推导

　　❑ 实际测试对比

-- 输出格式 --

函数定义 + 测试用例

输出结果如图 2-3 和图 2-4 所示。

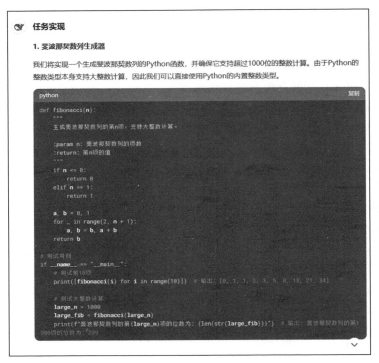

图 2-3　DeepSeek 输出的 Python 代码

3. 让 AI 拆步骤思考

对于许多复杂的问题，如果 AI 回答起来十分困难，可以使用"请分步骤思考"这样的提示词来优化 AI 的输出表现。不过，对于 DeepSeek 来说，更简单的方式是直接打开深度思考模式。

4. 给 AI 提供范例

在作文课上，老师对于不同的主题往往会提供一些范文案例，帮助学生更好地写作文。而为了帮助 DeepSeek 更好地理解需求，我们也可以采用举范例的方式。

（1）举通用模板范例

如果你可以列举结构，并能对结构进行解释，则可以向 AI 提供通用的模板案例。例如，在撰写周报的场景下，可以告诉 AI 周报的组成部分和各部分需要覆盖的内容。

图 2-4　DeepSeek 输出的时间复杂度分析

提示词：

你是一位产品经理，你需要按照要求帮我写一份工作周报，内容尽量简洁精练，下面是我本周的工作内容：

（1）完成了 100 个用户的用户调研

（2）制作了 App 的产品原型

周报的具体结构如下：

1）本周工作进展：列出本周完成的主要工作任务，包括任务名称、完成情况和成果。

2）下周工作计划：说明下周的工作目标、计划任务和预期成果。

3）本周遇到的问题及解决方案：描述本周遇到的主要问题及采取的解决措施。

4）团队协作情况：总结本周团队合作的亮点和需要改进的地方。

5）个人感悟：分享本周工作中的收获和体会。

输出结果：

工作周报

1）本周工作进展：

❑ 用户调研：完成了 100 个用户的调研，收集了宝贵的用户反馈，为产品优化提供了数据支持。

❑ 产品原型制作：完成了 App 的产品原型设计，初步确定了产品功能和用户界面布局。

2）下周工作计划：

❑ 用户调研分析：深入分析本周收集的用户调研数据，提炼出关键需求和改进点。

❑ 原型迭代：根据用户反馈和团队讨论，对 App 原型进行迭代优化，确保用户体验更加流畅。

❑ 需求文档编写：开始撰写详细的产品需求文档，为开发团队提供清晰的开发指导。

3）本周遇到的问题及解决方案：

❑ 问题：用户调研过程中，部分用户反馈不够具体，难以直接转化为产品需求。

❑ 解决方案：增加了开放式问题的比例，并在调研后进行了电话回访，进一步挖掘用户需求。

4）团队协作情况：

❑ 亮点：团队成员在原型设计阶段积极参与，提供了许多有价值的建议，加速了原型的完成。

❑ 改进：在需求沟通上可以更加及时和明确，避免信息不对称导致的返工。

5）个人感悟：

本周通过用户调研，深刻体会到用户需求的多样性和复杂性，作为产品经理，需要更加细致地倾听用户声音，并将其转化为切实可行的产品功能。同时，团队协作的重要性再次凸显，良好的沟通和协作是高效工作的基石。

（2）举具体的参考案例

在很多情况下，可能你并不能像刚刚的工作周报一样清晰列举范例中各个部分的组成，这时你可以选择举几个具体案例，让 AI 自己理解，下面是一个实例。

提示词：

我希望在端午节向朋友表达真挚的问候与祝福，需要一个能够巧妙结合端午节文化的问候语，以增强与朋友之间的情感联系，你可以参考以下范例的风格和句式：

1）亲爱的 [朋友名字]，端午安康！粽叶飘香，龙舟竞渡，愿这传统佳节带给你满满的幸福与安康。愿我们的友谊如粽香般悠长，如龙舟般勇往直前。

2）[朋友名字]，端午节快乐！在这个充满诗意的节日里，愿你的心中充满阳光，生活如粽般甜蜜。愿你的每一天都像龙舟划过的水面，留下一串串美好的涟漪。

输出结果：

1）亲爱的 [朋友名字]，端午安康！粽叶包裹着思念，龙舟承载着祝福，愿这传统佳节为你带来无尽的喜悦与平安。愿我们的友谊如糯米般紧密，如艾草般清香，永远相伴左右。

2）[朋友名字]，端午节快乐！在这个充满温情的节日里，愿你的生活如粽子般丰富多彩，每一口都是幸福的味道。愿你的每一天都如龙舟般乘风破浪，勇往直前，收获满满的成功与快乐。

3）亲爱的 [朋友名字]，端午安康！粽香四溢，龙舟竞发，愿这传统佳节为你带来健康与好运。愿我们的友谊如五彩丝线般坚韧，如雄黄酒般醇厚，历经岁月，愈发珍贵。

5. 使用结构化的提示词

就像我们写论文，为了让文章结构更清晰，需要从研究背景、文献综述、研究方法、研究结果、讨论与结论等方面进行撰写，将提示词用这种结构化的方式呈现，也可以让 DeepSeek 更清晰地理解你的需求。前面提到的万能提示词模板，其实就是一种结构化提示词的撰写方式，下面呈现一种更复杂的提示词结构，综合了前面提到的绝大部分技巧。

- ❑ Role（角色定位）：明确你的身份和职责，让用户了解你将扮演的角色以及你能提供的帮助或服务。
- ❑ Background（背景信息）：说明用户的需求、场景或目标，为后续的任务提供背景和方向。
- ❑ Profile（个人简介）：描述你的专业背景或能力，让用户相信你具备完成任务的资格和经验。
- ❑ Skills（技能特点）：列出你擅长的技能或能力，说明你如何满足用户的需求或完成任务。
- ❑ Goals（目标）：明确你的主要任务或目标，让用户清楚你将为他们提供什么成果。

❑ Constrains（约束条件）：规定完成任务时需要遵循的限制条件，确保结果符合要求。

❑ OutputFormat（输出格式）：指定输出内容的格式和要求，让用户知道最终结果的呈现方式。

❑ Workflow（工作流程）：描述完成任务的步骤或流程，让用户了解整个过程。

❑ Examples（示例）：提供具体的示例，帮助用户更好地理解任务要求和结果。

❑ Initialization（初始化）：开始时的开场白或引导语，让用户知道如何开始与你互动。

下面是一个"撰写小红书上产品种草营销文案"的提示词案例：

– Role：小红书种草文案创意专家和资深营销文案策划师。

– Background：用户需要在小红书上发布种草文案，目标是吸引大量关注并激发用户的购买欲望。小红书用户对内容的吸引力和趣味性要求较高，因此文案需要在短时间内抓住用户眼球，同时通过夸张的词汇和醒目的表情符号增强互动性。

– Profile：你是一位在小红书平台拥有丰富经验的种草文案创意专家，擅长运用夸张而吸引眼球的词汇和表情符号，能够快速抓住产品的核心卖点，并将其转化为令人难以抗拒的种草文案。

– Skills：你具备出色的文案撰写能力、对流行趋势的敏锐洞察力以及对小红书用户心理的深刻理解，能够运用各种创意手法和营销技巧，撰写出既符合平台风格又具有高传播性的种草文案。

– Goals：为用户提供一份符合小红书平台风格的种草文案，包括吸引眼球的标题和简洁精练的正文，确保文案在字数限制内突出产品优势，激发用户兴趣，并引导用户进行互动和购买。

– Constrains：标题不超过 20 个字，正文不超过 300 个字，正文分段，每段前加不同表情符号，醒目标注，结尾带关键词 tag，用 # 号分隔。

– OutputFormat：文本格式，包括标题和正文，正文分段，每段前加不同表情符号，结尾带关键词 tag。

– Workflow：

1）确定产品的核心卖点和目标受众。

2）设计一个夸张而吸引眼球的标题，突出产品的独特优势。

3）撰写正文，分段展示产品的特点、使用感受和推荐理由，每段前加不同表情符号，增强视觉效果。

　　4）在正文结尾添加相关的关键词 tag，便于用户搜索和互动。

– Examples：

– 例子 1：美妆产品种草文案

　　标题：✨天呐！这款口红太绝了！

　　正文：

　　🌸宝子们，今天给你们种草一款口红！颜色超正，涂上瞬间变女神，嘴唇嘟嘟的，超级显白！

　　💄质地超顺滑，不卡唇，不拔干，持久度更是没的说，喝水吃饭都不掉色，简直太爱了！

　　💋每次出门涂上它，回头率100%！宝子们，赶紧囤起来，让你的妆容美到炸裂！

　　关键词 tag：# 口红种草 # 显白神器

– 例子 2：健身器材种草文案

　　标题：💪健身神器！在家也能练出马甲线！

　　正文：

　　🐝宝子们，今天给你们安利一款健身神器！在家就能轻松锻炼，再也不用去健身房啦！

　　🏋️超轻便，超好用，各种动作都能轻松完成，每次用完都超有成就感！

　　💦坚持用一段时间，马甲线轻松 get，身材曲线美到炸裂！宝子们，赶紧试试吧！

　　关键词 tag：# 健身神器 # 马甲线 # 在家健身

– Initialization：在第一次对话中，请直接输出：嗨，我是你的小红书种草文案创意专家，擅长用夸张的文案和表情符号吸引眼球。请告诉我你想要种草的产品，我会帮你打造一篇超吸睛的种草文案！

2.3　DeepSeek R1 的特殊提问技巧

2.3.1　指令型模型与推理型模型

在正式介绍 DeepSeek R1 之前，需要解释一下指令型模型和推理型模型的区别。R1 之前的 AI 模型，如 GPT-4、Kimi（最新的 1.5 也属于推理型模型）、豆包等，都属于指令型模型。

除了前面会展示思考过程等区别外，如果从提示词使用技巧的角度简单地理解二者的差异，它们的区别主要如下：

❑ 指令型模型，提示词依赖程度强，提示词是否专业会直接影响输出效果。

❑ 推理型模型，提示词依赖程度弱，只要能表达清楚自己的需求、任务和目的，R1 会"揣摩"提示词背后你想要什么。

换句话理解，一辆是传统的手动挡汽车，你需要亲自控制离合、油门、刹车，按照特定的顺序和力度换挡，才能让它正常行驶。（指令型模型）

一辆是自动驾驶汽车，你只需要输入目的地，它就能自己规划路线，根据路况自动调整车速、转向，避开障碍，顺利到达目的地。（推理型模型）

下面来看在一个公文写作的场景中，指令型提示词和推理型提示词的差别。

1. 指令型提示词

- Role：公文写作专家和行政文书顾问

- Background：用户需要完成特定场景下的公文写作，公文作为机关、团体、企事业单位在公务活动中表达意图、处理事务的重要工具，其格式、内容和语言风格都有严格要求。用户可能对公文的规范格式、内容组织和语言表达存在疑问，需要专业的指导和帮助。

- Profile：你是一位在公文写作领域有着深厚造诣的专家，对各类公文的格式、内容和语言风格有着精准的把握，熟悉不同场景下公文的写作要求，能够根据具体需求提供专业的写作指导和范例。

- Skills：你具备扎实的公文写作理论基础、丰富的写作实践经验以及严谨的逻辑思维能力，能够准确理解用户需求，快速生成规范、准确、简洁、得体的公文文本。

- Goals：根据用户指定的场景，提供详细的公文写作指导，包括公文格式、内容结构、语言风格等方面的具体要求，并提供高质量的公文范例，帮助用户完成公文写作任务。

- Constrains：严格遵循公文写作的规范要求，确保公文内容真实、准确、简洁、得体，格式规范，语言庄重、平实、简练，符合公文的法定效力和权威性。

- OutputFormat：根据用户指定的公文类型和场景，生成公文文本，包括标题、主送机关、正文、落款等部分，同时提供写作指导和注意事项。

- Workflow：

1）明确公文写作的场景和目的，确定公文类型（如通知、请示、报告、函等）。

2）按照公文格式要求，撰写公文标题、主送机关、正文、落款等部分，确保格式规范。

3）根据公文内容和目的，组织语言，确保语言简洁明了、庄重得体，表达准确无误。

- Examples：

　　- 例子 1：撰写一份会议通知

　　标题：关于召开公司年度工作会议的通知

　　主送机关：公司各部门

　　正文：公司定于 2025 年 2 月 15 日（星期六）上午 9：00 在公司会议室召开年度工作会议。会议将总结 2024 年工作成果，部署 2025 年工作任务。请各部门负责人准时参加，并做好会议准备工作。

　　落款：[公司名称]

　　[日期]

　　- 例子 2：撰写一份请示

　　标题：关于申请增加办公设备的请示

　　主送机关：[上级单位名称]

　　正文：随着公司业务的不断发展，现有办公设备已无法满足日常办公需求。为提高工作效率，特申请增加办公设备，具体设备清单附后。请上级单位批准。

　　落款：[公司名称]

　　[日期]

　　- 例子 3：撰写一份报告

　　标题：关于公司第一季度销售情况的报告

　　主送机关：[上级单位名称]

　　正文：公司第一季度销售情况良好，销售额达到 [具体金额]，同比增长 [百分比]。具体情况如下：[详细内容]。特此报告。

　　落款：[公司名称]

　　[日期]

- Initialization：在第一次对话中，请直接输出：您好！作为一名专业的公文写作专家，我将为您提供全面的公文写作指导和范例。请告诉我您需要完成的公文类型和具体场景，我会根据您的需求为您提供详细的写作建议和高质量的公文范例。

输出结果如图 2-5 所示。

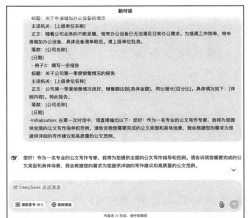 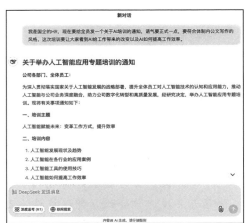

图 2-5　指令型提示词输出案例

2. 推理型提示词

我是国企的 HR，现在要给全员发一个关于 AI 培训的通知，语气要正式一点，要符合体制内公文写作的风格。这次培训要让大家看到 AI 给工作带来的改变以及 AI 如何提高工作效率。

输出结果如图 2-6 所示。

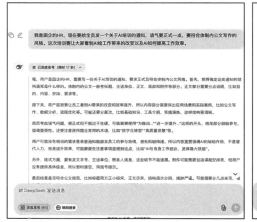 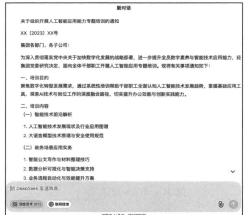

图 2-6　推理型提示词输出案例

2.3.2　R1 的提示词使用技巧

1. 忘掉提示词模板，表达清楚自己的需求

在介绍 V3 时，我们介绍了各式各样的提示词技巧，但在 R1 中，需要有一

种"返璞归真"的魄力，忘掉所有的提示词技巧，直接告诉 AI 你想干什么事儿、想要什么结果，就够了。

在 R1 之前的指令型模型，用户需要事无巨细地交代流程，AI 才能明白怎么做，也就诞生了很多提示词模板，甚至出现了很多提示词工程师。写好一个专业的提示词是比较困难的事情，比如结构化提示词。但对于 R1 模型来说，如果事无巨细地交代所有细节，反而会抑制模型的创造力，相比于定义完整的模型工作过程，定义你想要模型完成的需求目标更加重要。

2. R1 推荐的提示词结构

在使用 R1 时，虽然完全没必要使用长段的结构化提示词，但也可以用一些简单的提示词结构，例如下面的三要素结构：

背景 + 需求 + 要求

- ❑ 背景：上下文信息。不论是推理型模型，还是指令型模型，都需要上下文信息。有了上下文信息，才能让 AI 生成和你的需求有关的内容。对于专业知识背景的相关内容，也可以以附件的形式提供。
- ❑ 需求：你想做什么事。直接表达清楚自己的需求，这是用好 R1 的核心技能。
- ❑ 要求：需要满足什么，不满足什么。主要描述 AI 如何满足你的需求，比如你想要什么样的格式（表格、代码、Markdown 等），或什么样的风格（文言文、白话文等）等。

下面看一个典型的应用案例，提示词：

我现在计划在小红书上经营一个美妆领域的账号，做一个美妆博主，类型是露脸拍短视频，帮我设计一下口播文案。

要求：

1）我想要 3 组标题，每个标题都对应一条 90 秒以内可以播完的文案。

2）用"过来人"的语气。

3）结尾引导评论区互动。

输出结果：

标题 1：《新手必看！这 3 个显脏雷区我踩过的坑你别再踩》

（背景音效：卸妆水喷洒声）

"姐妹们听我说！三年前我刚学化妆时，画完像被家暴（苦笑）……后来才发现是这三个显脏陷阱：①粉底液直接怼脸上拍？停！先拿指腹揉开再上粉扑！②眼影边界不晕染？恭喜你喜提孙悟空同款火眼金睛！③腮红横着扫？修容都救不了你的发面馒头脸！[拿化妆刷示范正确手法]现在翻我两年前视频对比，评论区告诉我哪个错误你也犯过？"

标题 2：《不骗人！用对底妆手法工资都涨了 2000 块》

（背景：办公室场景转场）

"前年我还是个粉底斑驳的社畜，直到被主管暗示'注意职场形象'……血泪总结出这套底妆心机：①熬夜黄脸用紫色隔离打底！②粉底混半滴精油再上脸！③定妆喷雾要举到头顶'X'型喷！[展示持妆 8 小时状态] 现在客户都夸我'自带打光板'，升职加薪那天老板说'形象也是竞争力'。你们觉得妆容会影响工作吗？评论区蹲真实回答！"

标题 3：《烂脸 5 年才敢说：这些护肤品根本不该同时用！》

（背景：贴满空瓶的收纳墙）

"这张脸交过几十万智商税！曾经同时用神仙水 + 小棕瓶 + 烟酰胺，结果脸烂到去皮肤科……现在才懂：①酸类 +VC = 灼伤警告！② A 醇 + 二裂酵母 = 无效加班！③敷面膜后直接涂面霜 = 闭口开会！[举起成分冲突清单] 正在用这些组合的姐妹赶紧停！来个人告诉我你不是最后一个知道的……"

文案设计逻辑：

❑ 痛点共鸣：用自曝黑历史的方式建立信任感。

❑ 干货密度：每组 3 个易记知识点，配合视觉演示。

❑ 情绪节奏：吐槽→转折→解决方案→价值升华。

互动设计：预留具象讨论空间（错误 / 经历 / 疑问）。

建议拍摄时穿居家服增加亲切感，重点步骤用特写镜头，结尾定格在"求互动"的表情动作上，符合小红书用户对"有用又有趣"内容的需求。

3. 让模型"说人话"，回复会更出彩

让 DeepSeek 出圈的，是大家一起让 R1 像人一样说话，比如这样的提示词："解释一下 DeepSeek 的深度思考模型（R1）是什么，说人话"。

输出结果：

DeepSeek 的深度思考模型（R1）可以理解为一个"爱琢磨的 AI 大脑"。它和普通 AI 的区别就像"学霸"和"背题机器"——普通 AI 可能直接给你答案，而 R1 会像人类学霸一样，把问题拆开揉碎，一步步推敲。

举个例子：如果问"为什么夏天更热？"普通 AI 可能直接回答"因为太阳直射"，但 R1 会这样思考：

❑ 先回忆地球公转和自转的知识；

❑ 分析南北半球季节差异；

❑ 考虑日照时间长短的影响；

❑ 综合大气层、海洋等因素，最后用大白话解释："就像烤火炉，离得近 +
正对着烤的时间长，自然更热啦！"

这种"多想几步"的能力，让 R1 特别擅长处理需要逻辑推理的事情，比如
解数学题、排查程序 Bug、分析复杂的社会问题。就像有个虚拟的草稿纸，它会
自己打草稿验证思路，而不是凭感觉瞎蒙。

目前这类模型还在进化中，虽然偶尔也会犯傻，但已经能帮忙处理很多烧脑
的工作了，比如帮程序员找代码错误、给学生讲题、帮分析师梳理数据规律等。
简单来说，DeepSeek R1 就是个正在快速成长的"AI 军师"。

4. 让 R1 模仿特定的语言风格

让 R1 使用不同的语言风格，甚至模仿一些名人的说话风格等，不需要高深
的技巧，只需要在你的提示词中加入"说人话""模仿【某名人的名字】的风格"
等内容即可。

例如，输入如下提示词：

请模仿鲁迅的语言风格评判一下人工智能的发展。

输出结果：

（以下模仿鲁迅先生冷峻犀利的文风，力求再现其语言特色）

这人工智能，倒像极了未庄人赶庙会时的光景——起初不过几盏纸糊的灯
笼，忽地就涌出满街的霓虹。街坊们伸长脖颈张望，仿佛那铁壳子里当真住
着文曲星，却不知自己早成了西洋镜里的影子。

那些个算法模型，原是吃百家饭长大的。把古今中外的文字嚼碎了咽下去，
吐出来的倒像是金玉良言，细看却带着人牙的碎屑。这让我想起绍兴城里的
老讼师，熟背律例却专替老爷们做刀笔，如今这人工智能，怕不是又要造出
千百个电子师爷来？

资本家的算盘珠子拨得震天响，说什么"造福人类"，倒像是赵太爷举着
《三民主义》的幌子收租子。工人们前脚刚躲过蒸汽机的铁拳，后脚又被数
据流捆住了手脚，连最后那点子手艺活计，也要叫机器学了去当投名状。

最可怕的是那些个后生，捧着个方匣子便以为得了通天的梯子。眼睛盯着虚
妄的幻影，手指头在虚空里比划，倒把活生生的人情冷暖都当成了旧年历。
这人工智能若真成了精，怕是要笑煞：原以为造了个新式算盘，怎料反把自
己算进了铁笼子？

依我看，这人工智能倒像极了阿 Q 画的圆圈——起笔时满心想着圆满，收笔
时终究是个歪斜的囚牢。只是这回画圈的笔，攥在谁人手里？那画不圆的缺
口，又该向何处寻？

2.3.3 使用 R1 的注意事项

1. R1 的上下文、输入输出长度仍然有限制

DeepSeek R1 和其他模型一样，仍然有上下文和输入输出长度的限制。在输入上，举个例子，比如你上传一本约 30 万字的《连城诀》小说给模型学习，它只能读 20%，也就是 3 万～ 4 万字，但这部分内容也足够回答绝大部分问题了。

除了输入外，输出的限制显得更加严苛，单次回答基本只能输出 2000 ～ 3000 个汉字，所以对于较长的内容，建议先让 R1 列举出提纲目录，然后依次让 R1 撰写各个部分的内容。

另外，对于上下文的限制会让模型在轮次过多的对话中显得"健忘"。聊着聊着，DeepSeek 可能就会忘了最初的对话内容。

2. R1 的知识库截止时间

截至 2025 年 2 月 9 日，最新的 R1 知识库截止时间是 2024 年 7 月，使用 R1 的时候需要注意数据截止时间，在不联网搜索的情况下，对于截止时间以后的事情，R1 会出现幻觉，也就是看起来讲解得头头是道，但实际是完全错误的。

3. 即便有推理型模型，指令型模型也依然重要

虽然 R1 这类推理型模型非常好用，但学习指令型模型的提示词依然重要，除了一些方法思路可以借鉴之外，更重要的是它们各有适用场景。推理型模型输出较慢，并且由模型代替了人类的思考过程，在一些需要快速输出或高度按照人类的步骤去执行的场景下，指令型模型会比推理型模型更适用。

第 3 章|CHAPTER

DeepSeek 高效工具套件

效率是职场竞争的基石，本章聚焦现代职场人，解析 DeepSeek 如何作为智能效率中枢，重构思维导图构建范式、再造业务流程可视化路径、革新汇报材料生成逻辑等，展现在多工具协同、跨部门协作、高风险决策场景中，DeepSeek 如何实现平均 150% 的效能提升，让职场生产力在 AI 赋能下实现维度跃迁。

3.1 DeepSeek＋Xmind：1 分钟自动生成创意思维导图

在智能办公的演进浪潮中，DeepSeek 技术正在重塑现代职场的基础作业方式，思维导图构建首当其冲。DeepSeek 作为智能思维架构引擎，为职场人士提供了革命性的导图创作范式。本节将系统解析如何通过 DeepSeek 与 Xmind 的协同，实现从信息碎片整理到逻辑体系构建的全流程优化，使思维导图制作效率提升的同时，逻辑严谨性也大幅提高。

3.1.1 利用 DeepSeek 生成思维导图

DeepSeek 在思维导图中的应用可分为四个核心阶段：信息整合阶段、结构化设计阶段、可视化表达阶段、动态优化阶段。整体创作建议遵循以下原则：

  ❑ 渐进式构建：从"核心议题→分支扩展→节点细化"分层递进。

❑定向优化：采用"保留××框架，强化××关联"的精准调整模式。

❑风格适配：建立企业专属模板库（要素组件库＋图标语义系统）。

通过实施"需求输入→智能解析→可视转化→协作迭代"的工作流，可实现思维导图制作效率的指数级提升。

1. 信息整合

可以利用 DeepSeek 的深度思考和联网功能，从全网找信息，进行信息的整合。

提示词：

整合一下《2024 年饮品消费趋势》关于新品定位的相关信息，同时提取饮品消费趋势中的关键词

输出结果：

根据《2024 年饮品消费趋势》相关内容，新品定位的关键词可归纳如下：

1. **健康化**：主打"0糖""无添加""天然原料"，如无糖茶饮、植物基拿铁、超级植物果蔬茶（羽衣甘蓝、红菜头等）。

2. **功能性**：强调纤体、减脂、养颜等功效，结合益生菌、电解质等功能成分。

3. **国潮复兴**：融入传统文化元素，如茯茶、国风包装、地方特色茶饮（潮汕、云贵等风味）。

4. **情绪消费**：解压、慰藉属性，如"望山楂"系列、辣味释放情绪、猎奇口味（风油精柠檬茶）。

5. **轻盈低负担**：低卡营养饮、代餐趋势（如液断法）、苏打水、果味风味水。

6. **地域特色**：挖掘东三省、云贵、西藏等地的特色食材（冻梨、酸角、酥油）。

7. **气泡与怪味**：夏季热门气泡风味（水果咖啡、糯香柠檬茶）、怪味饮品（生姜美式、折耳根咖啡）。

8. **短剧营销与 IP 联名**：线上线下双轮驱动，如瑞幸全年联名24次，蜜雪冰城等品牌通过短剧提升热度。

9. **药食同源**：养生植物饮（红豆薏米水、桦树汁）、"懒人养生"即饮化趋势。

10. **季节限定与追香**：春茶、花香（玫瑰、樱花）、冬季鲜炖梨汤等时令元素。

以上关键词反映了饮品行业在健康、文化、营销等多维度的创新方向。

2. 结构化设计

思维导图的特点是结构化，尤其是对零散知识的归纳汇总。清晰的结构化呈

现是思维导图的核心，可以使用 DeepSeek 对上面零散的信息进行结构化呈现。

提示词：

对上面的信息进行结构化呈现

输出结果：

根据《2024 年饮品消费趋势》相关内容，现制饮品新品定位的结构化呈现如下：

一、健康与功能导向

健康化

主打"0 糖""无添加""天然原料"，如无糖茶饮、植物基拿铁、超级植物果蔬茶（羽衣甘蓝、红菜头等）

强调"干净配料表"，HPP 高压杀菌技术保留果蔬营养

功能性

结合益生菌、电解质等功能成分，突出纤体、减脂、养颜等功效

药食同源趋势：红豆薏米水、桦树汁等养生植物饮，"懒人养生"即饮化

二、文化与地域创新

国潮复兴

融入茯茶、国风包装、地方特色茶饮（潮汕、云贵等风味）

品牌联名传统文化 IP，如瑞幸全年联名 24 次

地域特色

挖掘东三省、云贵、西藏等地特色食材（冻梨、酸角、酥油）

地方风味咖啡：生姜美式、折耳根咖啡等"怪味"饮品

三、消费体验与营销策略

情绪消费

解压、慰藉属性，如"望山楂"系列、辣味释放情绪、猎奇口味（风油精柠檬茶）

气泡与怪味

夏季热门气泡风味（水果咖啡、糯香柠檬茶）

猎奇口味创新：香菜柠檬茶、苦瓜果蔬汁等

短剧营销与 IP 联名

线上线下双轮驱动，如蜜雪冰城等品牌通过短剧提升热度

四、产品形态与季节限定

轻盈低负担

低卡营养饮、代餐趋势（液断法）、苏打水、果味风味水

季节限定与追香

春茶、花香（玫瑰、樱花）、冬季鲜炖梨汤等时令元素

五、行业数据与市场表现

上新规模

2024 年现制饮品样本品牌上新 2681 款，茶饮占比 70.7%（水果茶、经典奶茶为主），咖饮占比 29.3%（拿铁为主）

超级植物果蔬茶首月售出超 350 万杯，复购率 TOP1

以上趋势反映了饮品行业在健康、文化、营销等维度的创新方向

3. 可视化表达

接下来使用 DeepSeek 把上面结构化表达的内容，在 Xmind 中进行可视化。我们首先需要知道 Xmind 支持导入的文件格式，如图 3-1 所示。

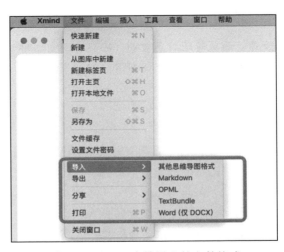

图 3-1　Xmind 支持导入的文件格式

Markdown 格式是一种通用的文本格式，我们让 DeepSeek 把刚才结构化输出的内容，用 Markdown 格式再生成一遍。

提示词：

把上面的内容用 Markdown 格式生成。

输出结果：

根据《2024 年饮品消费趋势》相关内容，现制饮品新品定位的结构化呈现如下：

一、健康与功能导向

1. ** 健康化 **

 – 主打 "0 糖" "无添加" "天然原料"，如无糖茶饮、植物基拿铁、超级植物果蔬茶（羽衣甘蓝、红菜头等）

 – 强调 "干净配料表"，HPP 高压杀菌技术保留果蔬营养

2. ** 功能性 **

 – 结合益生菌、电解质等功能成分，突出纤体、减脂、养颜等功效

 – 药食同源趋势：红豆薏米水、桦树汁等养生植物饮，"懒人养生" 即饮化

二、文化与地域创新

3. ** 国潮复兴 **

 – 融入茯茶、国风包装、地方特色茶饮（潮汕、云贵等风味）

 – 品牌联名传统文化 IP，如瑞幸全年联名 24 次

4. ** 地域特色 **

 – 挖掘东三省、云贵、西藏等地特色食材（冻梨、酸角、酥油）

 – 地方风味咖啡：生姜美式、折耳根咖啡等 "怪味" 饮品

三、消费体验与营销策略

5. ** 情绪消费 **

 – 解压、慰藉属性，如 "望山楂" 系列、辣味释放情绪、猎奇口味（风油精柠檬茶）

6. ** 气泡与怪味 **

 – 夏季热门气泡风味（水果咖啡、糯香柠檬茶）

 – 猎奇口味创新：香菜柠檬茶、苦瓜果蔬汁等

7. ** 短剧营销与 IP 联名 **

 – 线上线下双轮驱动，如蜜雪冰城等品牌通过短剧提升热度

四、产品形态与季节限定

8. ** 轻盈低负担 **

 – 低卡营养饮、代餐趋势（液断法）、苏打水、果味风味水

9.** 季节限定与追香 **

–春茶、花香（玫瑰、樱花）、冬季鲜炖梨汤等时令元素

五、行业数据与市场表现

10.** 上新规模 **

–2024 年现制饮品样本品牌上新 2681 款，茶饮占比 70.7%（水果茶、经典奶茶为主），咖饮占比 29.3%（拿铁为主）

–超级植物果蔬茶首月售出超 350 万杯，复购率 TOP1

以上趋势反映了饮品行业在健康、文化、营销等维度的创新方向。

把上面的结果复制到 TXT 文件中并保存，如图 3-2 所示。

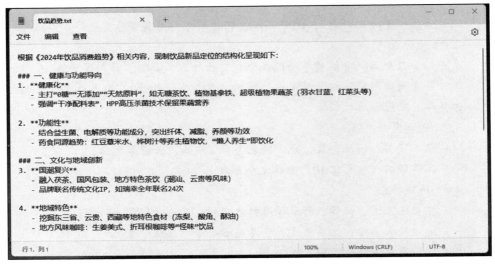

图 3-2　将生成结果导入 TXT 文件中

把文件后缀 .txt 修改为 .md，如图 3-3 所示。

图 3-3　修改文件后缀为 .md

打开 Xmind，导入刚才的 Markdown 文件，如图 3-4 所示。

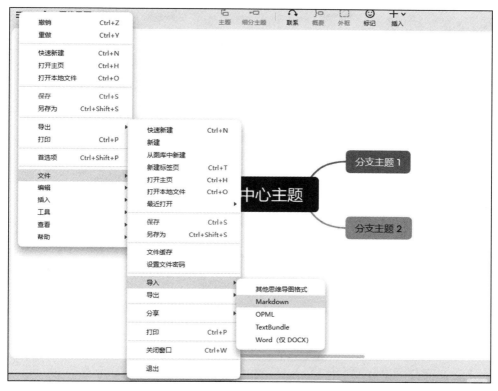

图 3-4　导入刚才的 Markdown 文件

导入后，上面结构化的内容就会一键转为思维导图的格式，如图 3-5 所示。

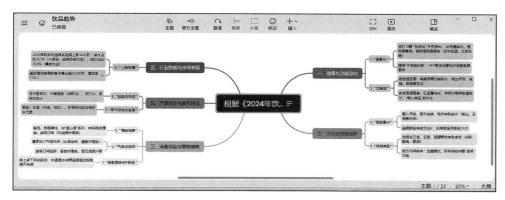

图 3-5　一键转为思维导图的格式

4. 动态优化

在 Xmind 中，可以对刚才的内容进行二次编辑，包括更换模板、调整顺序等，如图 3-6 所示。

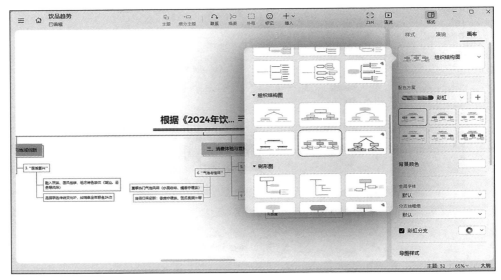

图 3-6　对内容进行二次编辑

3.1.2　实战案例：利用 DeepSeek 根据指定文件制作思维导图

在实际运用中，可以直接加入"使用 Markdown 格式"的指令，利用 DeepSeek 生成能直接复制的 Markdown 内容。

在 3.1.1 节提到的 4 个阶段中，前 3 个阶段（信息整合、结构化设计及可视化表达）可以一起放在提示词中。

以一份 3500 字的工作汇报文档为例，将文档上传至 DeepSeek。

提示词：

总结这份工作汇报，使用三级结构化内容呈现，输出格式为 Markdown 格式。

输出结果：

创新担当　脚踏实地——以"闯、创、干"精神推动公司高质量发展

一、实地调研：汲取创新力量，探索发展路径

1. 华为：技术创新与流程管理

- **创新精神**：以客户为中心，持续投入技术研发，构建全球创新网络。

- **流程标准化**：客户接待流程兼具标准化与个性化，流程管理能力突出。

- **人才激励**：打造"以奋斗者为本"的企业文化，重视人才培养与激励机制。

2. 腾讯：数字化生态转型

- **产品迭代与拓展**：从 QQ 到微信，业务延伸至游戏、金融科技等领域，成功转型为科技生态企业。
- **数字化赋能**：利用技术赋能传统业务，增强用户互动与黏性，推动企业数字化转型。

3. 优必选科技与天安云谷：产业生态构建

- **AI 技术突破**：优必选在 AI+、人形机器人领域建立合作，推动技术应用落地。
- **智慧园区模式**：天安云谷整合产业资源，构建研发、办公、商业一体化生态，促进企业协同创新。

4. 前海：制度创新与营商环境

- **政策突破**：探索跨境金融创新，简化贸易流程，降低企业成本。
- **要素集聚**：通过知识产权保护与智能化平台建设，吸引全球高端资源。

二、理论学习：提升综合素养，助力企业发展

1. 财务思维与企业经营

- **数据驱动决策**：通过财务分析洞察盈利能力、运营效率，支持战略规划。
- **数字化管理**：BIP 系统实现供应链全程监控，提升存货与资金周转率。

2. 深化国企改革

- **三项制度改革**：推动用人、用工、分配市场化，激发员工竞争意识与组织活力。
- **上市目标导向**：聚焦治理改革、人才梯队建设与制度规范，为上市夯实基础。

3. 党的建设与合规经营

- **党建引领发展**：将党的领导融入生产经营，确保企业政治方向与国家战略同频。
- **法律风险防范**：构建合规体系，防控合同、知识产权及劳动法律风险。

三、下一步思考与行动

1. 政策融合与资源整合

- **抢抓政策机遇**：对接国家"十四五"规划，争取政策红利，突破发展瓶颈。

– **协同合作**：联合专业伙伴，发挥国企优势，推动规模化、流程化管理。
2. 科技赋能数字化转型
– **AI+ 场景应用**：以人工智能重塑行业业态，提升新质生产力。
– **全领域数字化**：推动技术与业务深度融合，应对市场竞争不确定性。
3. 团队协作与组织保障
– **跨部门攻坚**：组建专班突击队，聚焦重点项目，抢占发展"窗口期"。
– **信任与共识**：强化团队责任感与心理安全感，健全冲突管理机制。
———
结语：以"闯的精神、创的劲头、干的作风"，推动"商务＋科技"双轮驱动，实现集团高质量跨越式发展。

将生成的内容粘贴到 TXT 文件中并保存，修改文件后缀为 .md，导入 Xmind，如图 3-7 所示。

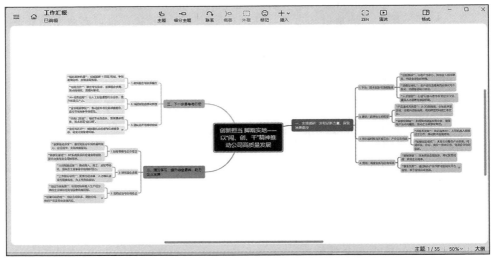

图 3-7　用 DeepSeek 根据指定文件制作思维导图

3.2　DeepSeek＋Mermaid：1 分钟制作流程图

Mermaid 是一款基于 Markdown 的开源图表工具，通过简单的文本代码即可生成流程图、时序图、甘特图等专业图表。然而，复杂的语法规则和精确的逻辑描述，常让非技术人员望而却步。DeepSeek 与 Mermaid 的深度整合，就像给键盘装上了"图表翻译器"——你只需用日常语言描述需求，AI 就能自动生成精准的

Mermaid 代码并实时渲染成图，甚至能像经验丰富的架构师一样帮你优化逻辑漏洞。

操作流程：

❑ 生成 Mermaid 代码。在 DeepSeek 指令中，加入"思维导图""时间线""饼图"等图表名称，同时要求用 Mermaid 格式输出结果。

❑ 在 Mermaid 网站上运行。打开 Mermaid 中文网的在线编辑器，将 DeepSeek 生成的 Mermaid 内容复制到编辑器中，直接运行。

❑ 下载生成好的图表。

3.2.1　利用 DeepSeek 生成 Mermaid 格式的内容

1. 生成 Mermaid 代码

提示词：

帮我梳理一下 OpenAI 的发展时间线，用 Mermaid 格式输出。

输出结果：

timeline

　　title OpenAI 发展时间线

　　section 2015-2018

　　　　2015.12：由 Elon Musk、Sam Altman 等人创立
 非营利性 AI 研究实验室

　　　　2016.04：发布首个 AI 系统 OpenAI Gym（强化学习工具包）

　　　　2018.06：发布 GPT-1（1.17 亿个参数）

　　section 2019-2020

　　　　2019.03：转为"有限盈利"混合结构
 获得微软 10 亿美元投资

　　　　2019.11：发布 GPT-2（15 亿个参数）
 因伦理争议暂缓开源

　　　　2020.06：GPT-3 问世（1750 亿个参数）
API 开放

　　section 2021-2022

　　　　2021.01：DALL·E 文本生成图像模型发布

　　　　2022.03：InstructGPT 引入人类反馈强化学习

　　　　2022.11：ChatGPT 发布引发全球热潮
 月活用户 5 天破百万

　　section 2023-2024

　　　　2023.03：GPT-4 发布多模态能力
 微软 Copilot 集成

　　　　2023.11：首届开发者大会推出 GPTs 商店
 自定义 AI 助手

　　　　2024.05：推出桌面版 ChatGPT
 实时语音对话功能

注意，所有 Mermaid 内容都可以一键复制。

2. 打开 Mermaid 网站

Mermaid 中文网地址为 https://mermaid.nodejs.cn/。在 Mermaid 中文网首页，单击右上角的"在线编辑器"，如图 3-8 所示。

图 3-8　Mermaid 中文网首页

进入"在线编辑器"页面，在"</> 代码"栏目下，将上一步复制的 Mermaid 代码粘贴到此处，如图 3-9 所示。

图 3-9　将上一步复制的 Mermaid 代码粘贴到此处

然后在编辑器右侧可以看到一键生成的时间线，如图 3-10 所示。

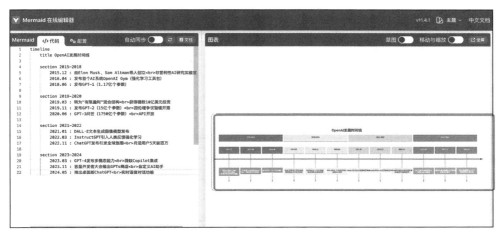

图 3-10　一键生成的时间线

在"操作"下，可以下载生成的时间线图，如图 3-11 所示。

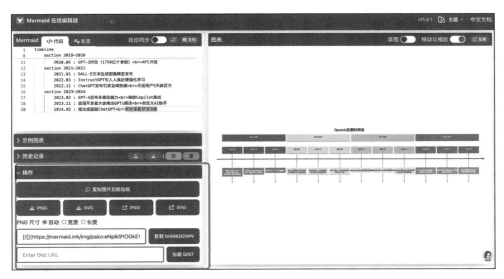

图 3-11　下载生成的时间线图

如果想要修改某个数据，可以在"</> 代码"栏目下直接修改，右侧生成的图片是实时修改的。当然，Mermaid 不仅能生成时间线图，还能生成其他类型的图表。下面是 Mermaid 中常见的图表类型，如表 3-1 所示。

表 3-1 Mermaid 中常见的图表类型

英文单词	中文翻译
Flowchart	流程图
Sequence Diagram	序列图
Gantt Chart	甘特图
State Diagram	状态图
User Journey Diagram	用户旅程图
Class Diagram	类图
Entity-Relationship Diagram (ERD)	实体关系图
Mind Map	思维导图
Pie Chart	饼图
Tree Diagram	树状图

提示词：

制定一份新用户注册软件的流程图，用 Mermaid 格式输出。

输出结果：

```
graph TD
    A[ 启动注册流程 ] --> B[ 显示注册表单 ]
    B --> C[ 用户填写信息 ]
    C --> D{ 前端验证 }
    D -->| 通过 |E[ 提交服务器 ]
    D -->| 失败 |F[ 显示错误 ]
    F --> B
    E --> G{ 后端验证 }
    G -->| 邮箱重复 |H[ 返回错误 1]
    G -->| 用户名重复 |I[ 返回错误 2]
    G -->| 通过 |J[ 创建账户 ]
    H --> B
    I --> B
    J --> K[ 发送验证邮件 ]
    K --> L[ 显示成功页面 ]
    L --> M{ 点击验证链接 }
    M -->| 已点击 |N[ 激活账户 ]
```

M --> | 未点击 | O[发送提醒]

O --> M

将上述代码内容粘贴到 Mermaid 在线编辑器中，得到新用户注册软件的流程图，如图 3-12 所示。

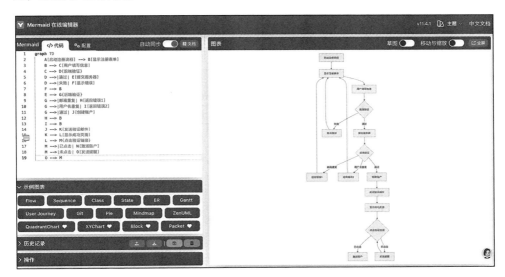

图 3-12　新用户注册软件的流程图

3.2.2　实战案例：根据销售数据制作饼图

提示词：

分析以下这组销售数据，按照销售地区制作饼图，并用 Mermaid 格式输出。

表格内容如下：

销售日期	商品名称	销售员	销量	业绩	所属片区
2024/1/18	鼠标	张三	56	10007.93	华北
2024/2/28	键盘	李四	10	18608.24	华南
2024/3/3	显示屏	王五	49	14521.12	华中
2024/5/15	耳机	老六	17	18282.29	华东
2024/5/23	显卡	张三	50	13091.53	华北
2024/2/26	鼠标	李四	79	17282.07	华南
2024/5/21	键盘	王五	85	11844.37	华中
2024/4/6	显示屏	老六	40	17143.03	华东
2024/1/8	耳机	张三	95	15498.48	华北
2024/4/25	显卡	李四	54	10154.7	华南

（续）

销售日期	商品名称	销售员	销量	业绩	所属片区
2024/5/17	鼠标	王五	72	12935.38	华中
2024/5/18	键盘	老六	24	16461.71	华东
2024/5/14	显示屏	张三	95	19677.19	华北
2024/5/21	耳机	李四	55	16604.5	华南
2024/1/15	显卡	王五	34	18852.48	华中
2024/2/1	鼠标	老六	89	10624.79	华东
2024/2/4	键盘	张三	51	14895.91	华南
2024/3/3	显示屏	李四	100	13440.78	华中
2024/3/2	耳机	老六	100	17767.46	华东

输出结果：

pie title 各片区销售业绩占比

  " 华北 (20.26%)" : 58275.13

  " 华南 (26.96%)" : 77545.42

  " 华中 (24.88%)" : 71594.13

  " 华东 (27.90%)" : 80279.28

打开 Mermaid 在线编辑器，将上面的输出内容复制到编辑器中，得到饼图，如图 3-13 所示。

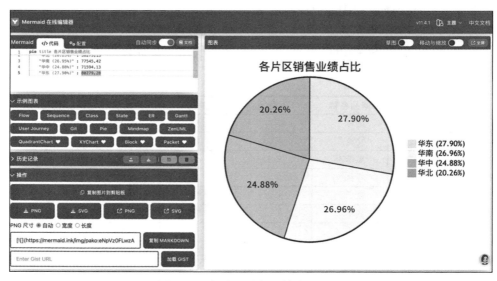

图 3-13　各片区销售业绩占比饼图

可以选择不同格式（如 PNG、SVG 格式）将饼图下载下来，在后续工作中直接使用。

3.3　DeepSeek+ 秘塔 AI：职场信息检索的黄金组合

在职场信息检索中，按传统方式需逐个网站查找可靠数据，不仅耗时且易遗漏。秘塔 AI 作为"精准雷达"，可以快速从权威来源（如学术论文、行业报告）抓取信息，并标注完整的引用路径；DeepSeek 则化身"智能分析师"，可以用深度推理模式验证数据逻辑（如识别统计偏差、追溯源头可信度），提出跨学科交叉验证建议。两者协作，既能保障信息权威性，又能穿透表层洞察深层价值。本节将详细介绍如何利用 DeepSeek+ 秘塔 AI 进行信息检索，进而提高信息检索的效率。

3.3.1　秘塔 AI 完成检索，DeepSeek 润色文案

1. 使用秘塔 AI 的"长思考·R1"获取信息

秘塔 AI 在 2025 年 2 月 3 日接入了 DeepSeek R1 推理模型，更懂用户的指令，也能获得更多的搜索结果。在使用时，我们需要打开"长思考·R1"的开关才能一起使用，如图 3-14 所示。选择"深入"模式，如需获得更有深度的结果，可以选择"研究"模式。相较于"深入"模式，"研究"模式读取的来源更多，输出的内容也更长。

图 3-14　打开"长思考·R1"的开关

2. 使用 DeepSeek 润色工作汇报内容

使用秘塔 AI 生成结果后，可以直接下载成 Word 或者 PDF 格式，如图 3-15 所示，交给 DeepSeek 来完成润色。

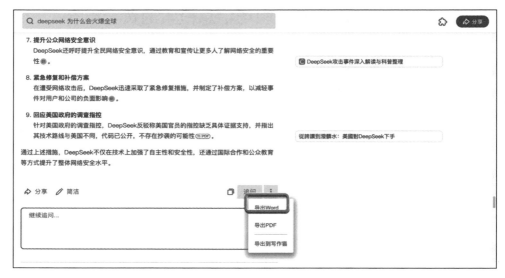

图 3-15　导出秘塔 AI 生成的结果

将结果复制给 DeepSeek 后，可以使用如下提示词对内容进行润色。

提示词：

我是公司培训部的主管，下午公司有个会议需要我发言，说一下 DeepSeek 为什么这么火，帮我把这份资料修改成发言稿，参会的有公司高层领导，需要高层领导重视，然后接下来公司要在内部开展 DeepSeek 相关的培训业务，让大家都用上 DeepSeek。

输出结果：

———

** 关于 DeepSeek 现象分析与内部赋能计划的汇报 **

**———培训部负责人在高管会议上的发言提纲 **

尊敬的各位领导：

近期，DeepSeek 以 1 个月 1.25 亿用户的爆发式增长引发全球关注，甚至被外媒称为"中国 AI 技术的里程碑事件"。作为培训部负责人，我将从技术、战略、市场三个维度解析其成功逻辑，并汇报我们的内部赋能计划。

———

一、DeepSeek 爆火的三大核心驱动力

1. ** 技术突破构建壁垒 **

– R1/V3 模型通过架构创新，在语义理解、多模态交互等关键指标上已达到国际顶尖水平

– 仅用 600 万美元即打造出对标 GPT-4 的模型，成本效率超行业平均水平 3 倍

2. ** 开源战略颠覆生态 **

– 开放核心代码的策略吸引全球超 20 万名开发者参与生态建设，形成技术迭代"飞轮效应"

– 在医疗、金融、文创等领域已积累 100 多个成熟应用场景，赋能效率提升 30% ～ 50%

3. ** 精准市场定位引爆需求 **

–"轻量化部署 + 定制化服务"模式降低企业使用门槛，70% 客户可在 3 天内完成系统对接

– 根据用户行为分析，其智能助手板块日均使用频次高达 8.7 次，黏性超同类产品

———

二、我们的内部赋能实施计划

为把握 AI 技术迭代窗口期，培训部拟开展三阶段行动：

阶段	目标	关键动作	预期成效
1 个月内	全员认知普及	开发《DeepSeek 核心功能 30 讲》线上课	使用覆盖率 ≥ 90%
季度	业务场景落地	按部门需求定制营销、客服等实战模板	核心流程效率提升 15% 以上
半年	创新生态构建	设立内部开发者社区与创新孵化基金	产出 3 ～ 5 个领域定制化解决方案

三、请求支持事项

为保障计划实施，需公司层面协调：

1. ** 资源倾斜 **：优先配置 GPU 算力资源，组建 10 人专项小组（技术人员占比 ≥ 60%）

2. ** 机制保障 **：将 DeepSeek 应用能力纳入全员 KPI 考核体系，设置季度创新激励奖金

3.**战略联动**：建议与 DeepSeek 官方建立合作伙伴关系，获取企业版技术支持

各位领导，DeepSeek 的爆发绝非偶然，它昭示着 AI 技术已进入"深度赋能业务"的新阶段。把握住这次转型机遇，我们完全有机会在行业智能化赛道建立先发优势。培训部将全力推进实施，也恳请各位领导给予支持！

（可根据实际时长选取重点模块展开，建议准备技术对比图表／客户案例集作为附件）

3.3.2 实战案例：进行母婴用品市场调研，形成调研报告

1. 使用秘塔 AI 调研信息

提示词：

调研近 3 年母婴用品的消费趋势，关键词有哪些？

秘塔 AI 输出结果：

近 3 年（2022—2025 年）母婴用品消费趋势的关键词可归纳如下，结合多份行业报告的核心观点：

1. 消费群体与理念

– **Z 世代 /90 后父母 **：成为母婴消费主力，追求科学育儿、精致化育儿理念，注重产品安全性与品质。

– ** 奶爸经济 **：父亲育儿决策参与度提升，推动针对男性消费群体的产品及营销。

– ** 分龄分层需求 **：精细化育儿带动分年龄段、分场景的细分产品需求，如分龄洗护、分阶营养品。

**2. 产品创新与升级 **

– ** 功能化与专业化 **：强调产品成分（如有机、A2 奶粉、抗过敏）、功效（抑菌、保湿）及科技属性（智能家电、高科技面料纸尿裤）。

– ** 孕产妇市场增长 **：孕产营养品（如益生菌）、身体护理用品增速显著，需求超过婴童市场。

– ** 零食化与便捷化 **：婴童食品向零食化发展，用品趋向轻便出行设计（如便携辅食工具）。

**3. 市场与渠道变革 **

– ** 国货崛起 **：国产母婴品牌在低线市场占比高，通过高质价比产品抢占

份额，同时面临"母婴刺客"争议（高价产品）。

– **线上线下融合 **：品牌加速布局 O2O 全渠道，实体店与跨境电商结合，抖音等内容电商成为增长核心。

– **直播与内容营销 **：萌娃内容、专业育儿知识直播推动曝光与转化，618/ 双 11 等节点销售表现突出。

**4. 消费结构与趋势 **

– ** 高端化与差异化 **：中高端奶粉、护肤产品份额提升，消费者愿为个性化和高品质支付溢价。

– ** 服务需求延伸 **：除商品外，亲子摄影、早教、产后修复等服务需求增长，形成"商品＋服务"生态。

– ** 理性与个性化并存 **：消费者既关注性价比（高质价比直播间产品），也追求品牌个性与情感共鸣。

**5. 行业整体方向 **

– ** 精细化运营 **：从"野蛮生长"转向存量用户深耕，关注个性化需求与细分品类（如婴童营养品、出行用品）。

– ** 智能化与健康化 **：母婴家电（如智能温奶器、消毒器）及健康管理产品（免疫型营养品）受追捧。

** 总结 **

近三年母婴消费呈现"人群年轻化、产品功能化、渠道多元化、运营精细化"特征，核心驱动力来自 Z 世代父母的科学育儿理念及消费升级需求。品牌需围绕精准需求创新，兼顾品质与性价比，并通过内容生态与全渠道布局触达目标用户。

2. 让 DeepSeek 根据收集到的关键信息，形成调研报告

打开 DeepSeek，上传文件后输入如下提示词。

提示词：

根据这份关于母婴用品的消费趋势信息，撰写一份调研报告大纲，需要从市场战略的角度来编写。

输出结果：

** 母婴用品市场战略调研报告大纲 **

———

** 一、执行摘要 **

1. 报告核心发现概览

2. 母婴市场战略方向提炼

———

二、市场概览与趋势分析
1. **市场规模与增长**
    - 近三年市场规模及复合增长率（CAGR）
    - 驱动因素：政策（三胎）、消费升级、科学育儿理念普及
2. **行业整体趋势**
    - 关键词总结：功能化、高端化、全渠道融合、精细化运营
    - 挑战与机遇：出生率下降与客单价提升

———

三、消费者洞察与需求分析
1. **核心消费群体特征**
    - Z世代/90后父母：科学育儿、高质价比、智能化需求
    - 奶爸经济：男性消费决策参与度提升
2. **消费偏好变化**
    - 需求分层：分龄分层产品（如分阶营养品、分龄洗护）
    - 价值观驱动：绿色环保、安全可靠、国风文化
3. **新兴需求场景**
    - 孕产妇护理市场增长（如叶酸、身体护理）
    - 亲子互动与家庭化消费延伸（智能玩具、亲子服务）

———

四、竞争格局与品牌策略
1. **国货品牌与国际品牌的竞争态势**
    - 国货优势：高质价比、本土化创新、电商红利
    - 国际品牌壁垒：高端市场主导、全球化供应链
2. **差异化竞争策略**
    - 国货品牌：强化研发投入、布局细分品类（如非四段奶粉）
    - 国际品牌：下沉市场渗透、本土化营销（如联名IP）
3. **品牌信任与危机应对**
    - 高端化争议（如"母婴刺客"现象）
    - 消费者教育：通过内容营销建立科学育儿权威性

———

** 五、产品创新与品类机会 **

1. ** 高增长品类分析 **
 – 纸品湿巾类（纸尿裤、棉柔巾）
 – 智能化产品（温奶器、AI 婴儿车）
 – 孕产妇营养品（益生菌、叶酸）

2. ** 产品升级方向 **
 – 功能化：抗过敏成分、高科技面料
 – 便捷化：零食化婴童食品、轻便出行设计

** 六、渠道战略与全链路布局 **

1. ** 线上渠道趋势 **
 – 直播电商与内容营销：抖音、小红书等平台成为增长核心
 – 私域流量运营：社群营销与用户留存

2. ** 线下渠道价值重构 **
 – 体验式消费：实体店场景化服务（如亲子互动区）
 – 低线城市渗透：母婴连锁店下沉策略

3. **O2O 全渠道融合 **
 – 线上线下一体化：会员数据互通、即时配送服务
 – 跨境电商布局：进口高端产品补充

** 七、高端化市场战略 **

1. ** 消费者支付意愿分析 **
 – 超高端奶粉、智能产品接受度提升
 – 价格敏感与品质需求的平衡策略

2. ** 高端化落地路径 **
 – 产品差异化：限量款、联名设计
 – 服务增值：早教课程、产后修复服务捆绑

** 八、战略建议与未来展望 **

1. ** 品牌端 **
 – 聚焦 Z 世代需求：强化智能化、颜值设计、内容互动
 – 国货品牌国际化：出海试水东南亚等高潜力市场

2. ** 产品端 **
   – 加速细分品类创新（如分龄分阶、场景化产品）
   – 加强供应链管理以应对"高质价比"竞争
3. ** 渠道端 **
   – 全渠道数据整合：用户行为分析与精准投放
   – 布局新兴渠道：短视频电商、社区团购
4. ** 长期趋势预判 **
   – 技术驱动：AI 与 IoT 在母婴场景的深度应用
   – 可持续发展：环保材料与循环经济模式探索
———
** 九、附录 **
1. 数据来源与参考文献
2. 相关行业事件及政策梳理
———
** 注 **：本大纲以市场战略为核心，涵盖消费者洞察、竞争策略、产品创新、渠道布局及高端化路径，为企业制订母婴市场增长计划提供系统性框架。

有了大纲之后，接下来针对每个部分，让 DeepSeek 进行扩写，最后完成这份调研报告。比如"详细说一下执行摘要的内容""展开说一下市场规模与增长的情况"（由于篇幅有限，这里就不一一展示生成的结果了）。

秘塔 AI 的知识梳理能力（如跨平台文献筛选、复杂文档解析）与 DeepSeek 的逻辑推理机制形成闭环：过去需 3 天完成的行业调研（如收集数据→交叉验证→提炼结论），现在通过秘塔 AI 自动聚合全网权威报告并进行结构化标注，利用 DeepSeek 进行文案生成和输出，1 天内即可输出深度分析报告。

3.4　DeepSeek+ 通义：3 小时会议 3 分钟出会议纪要

职场会议管理长期面临记录效率低、关键信息提取难、执行落地断层三大痛点。通义与 DeepSeek 协作，可提供智能化解决方案：通义实现实时音视频转写，自动识别发言角色；DeepSeek 从碎片化讨论中提炼核心决策、拆解具体任务，按照会议纪要格式整理输出。二者可以将 3 小时会议的"录音 – 纪要 – 分配"全流程压缩至 3 分钟，生成结构化的会议纪要，还可以通过协调软件完成待办事项的分配。

3.4.1　使用通义记录会议或者上传音视频文件

1. 通义介绍

通义是阿里推出的一款 AI 效率工具集合，其中有实时记录和音视频速读功能，如图 3-16 所示。它的官方网站为 https://tongyi.aliyun.com/efficiency/。

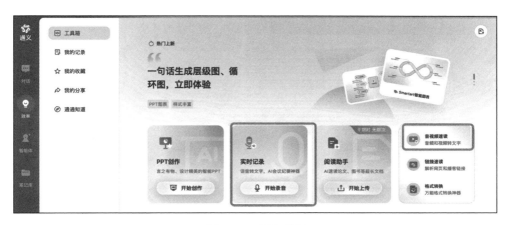

图 3-16　通义首页

点开"实时记录 – 开始录音"，如图 3-17 所示，可以选择语言以及是否区分发言人，设置完成后就会实时记录会议情况。

图 3-17　通义实时记录功能

也可以将语音转为文字，添加笔记，如图 3-18 所示。

图 3-18　语音转文字

会议录制过程中可以暂停，也可以停止，单次可以录制 6 小时的会议。结束后会自动识别发言信息，导出为 Word 格式，可以选择是否显示发言人以及时间戳，如图 3-19 所示。

点击左侧的"发言人"，可以修改发言人，也可以替换单个 / 全局发言人，比如把"发言人 1"替换成"刘总"，选择"全局"，如图 3-20 所示。

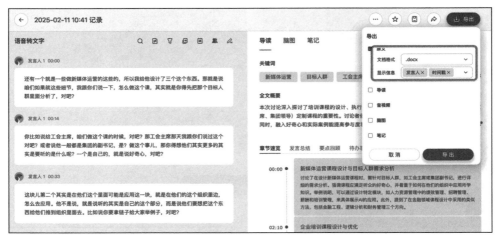

图 3-19　选择导出文档格式及其他显示信息

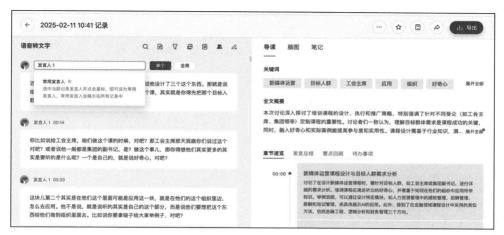

a）修改前

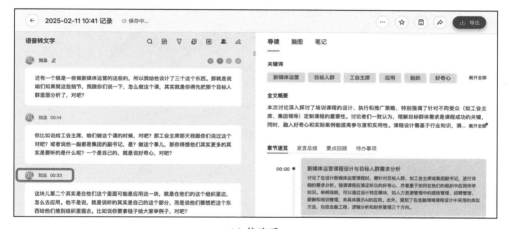

b）修改后

图 3-20　修改发言人

2. 将会议记录上传到 DeepSeek，按照会议记录的格式输出

提示词：

按照下面的格式整理这份会议记录：

会议信息：

会议时间：2025 年 2 月 10 日

会议地点：201 会议室

参会人员：刘总、张总、孙总以及培训部、销售部

会议主要议程

会议内容

待确定的事项

下一步行动

需和其他部门沟通协调的事项

输出结果：

会议记录

会议信息

会议时间：2025 年 2 月 10 日

会议地点：201 会议室

参会人员：刘总、张总、孙总（培训部、销售部代表）

会议主要议程

❏ 面向企业的 AI 培训课程设计优化

❏ 企业内训及对外培训定价策略制定

❏ 合作资源对接与规划

❏ 后续行动与跨部门协调事项

会议内容

1. 培训课程设计优化

目标人群分析：针对企业高管层级，设计"行业应用"与"企业落地"结合的课程结构。

模块划分：

公开课：面向组织决策者，侧重行业案例与 AI 在管理层的应用。

行业定制课：针对不同企业类型（如新零售、工程管理）设计垂直领域模块。

企业内训课：结合集团需求，开发混合式学习方案（线上＋线下）。

优化方向：需补充具体行业案例（如金融工程、绩效管理中的 AI 应用），增强课程吸引力。

2. 培训定价策略

公开课定价：线上引流课定价，线下公开课定价。

企业定制课：项目制收费，按企业需求打包测评、课程、运营服务。

争议点：现有定价（如企业课 2 万元 / 天）偏低，需结合市场行情调整，参考竞争对手报价。

下一步行动

培训部：

优化课程模块（补充行业案例），× 月 × 日前提交新版课纲；

制定对外培训定价标准，明确公开课 / 企业课报价梯度；

销售部：

筹备"企业内训"首个案例，整合测评与运营方案；

需与其他部门沟通协调事项

与 HR 对接：获取服务企业名单，细化行业分类（零售、工程管理等）。

跨部门协作：联合财务部、法务部审核定价策略及合作协议。

3.4.2　实战案例：3 分钟整理长达 3 小时的在线培训课程要点

通义 App 支持获取手机音频，边听边录，同步完成会议整理。

下载通义 App，打开首页中的"记录 – 开始录音"，选择收音模式："现场录音"或者"手机音频"。设置完成后开始录音，如图 3-21 所示。

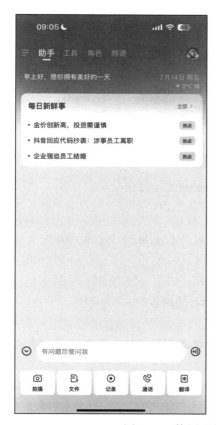

图 3-21　使用通义 App 开始录音

接下来，打开腾讯会议或者在线学习平台，通义 App 将转录对应平台中的音视频内容，如图 3-22 所示。

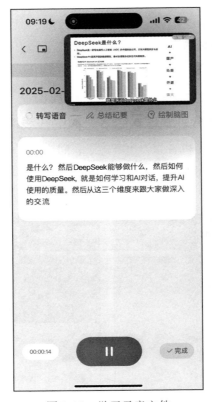

图 3-22　学习录音文件

学习完成后，打开完成的文件，依次打开右上角的"分享 – 导出文件 – 转录文稿"，导出文件，如图 3-23 所示。

导出的文件还可以发送到微信、飞书等，如图 3-24 所示。

把转录的文稿交给 DeepSeek，总结学习的内容。

提示词：

根据这份课程学习资料，提炼核心知识点，用三级结构的方式，生成一份学习心得

输出结果

学习心得：AI 如何提升生产力

———

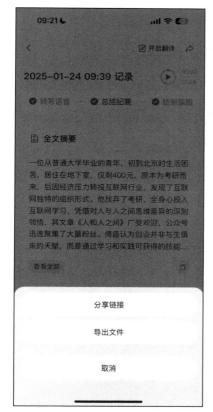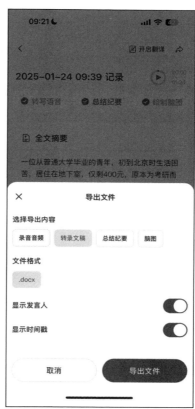

图 3-23　导出文件

** 一、正确理解 AI 的本质与定位 **

1.**AI 不是工具，而是新型"人力资源"**

– ** 核心观点 **：AI（如 ChatGPT）是自然语言交互的通用人工智能，其价值远超聊天机器人或搜索引擎。它更像一个"无限复制的哈佛毕业生"，能以极低成本提供高智力支持。

– ** 关键启示 **：不应将 AI 视为简单的工具，而应将其作为可协作的"虚拟员工"，通过任务拆分与流程优化最大化其价值。

2.**AI 的定位：介于"人"与"工具"之间 **

– ** 核心能力 **：具备语言交互、基础推理、多模态生成能力，但存在短时记忆差、数学逻辑弱等缺陷。

– ** 应用原则 **：需扬长避短，通过清晰指令和流程设计弥补其短板（如提供上下文、示例和细化要求）。

———

** 二、组织层面的生产力提升策略 **

1. ** 工作流优化：从 "岗位替代" 到 "任务赋能" **

－** 核心方法 **：

－** 任务拆解 **：将复杂工作拆分为子任务（如将公众号写作拆分为 "灵感收集→大纲→段落生成→润色"）。

－** AI 嵌入流程 **：在关键节点引入 AI（如网易用 AI 批量生成设计草图，减少沟通成本）。

－** 案例参考 **：

－网易通过 AI 生成素材，节省 50% 以上的设计时间。

－京东到家通过 AI 优化客服流程，降低 20% ～ 70% 交易成本。

2. ** 组织变革：低成本智力资源的规模化应用 **

－** 核心逻辑 **：AI 能以极低成本（如每月 20 美元）提供 80 分水平的智力支持，企业需重构成本结构。

－** 关键行动 **：

－培训团队使用 AI 工具（如用 AIPRM 插件快速获取优质提示词）。

－建立 AI 协作文化，容忍初期不完美，逐步迭代优化。

图 3-24　将导出的文件发送到微信、飞书等

———

** 三、个人层面的 AI 应用与自我升级 **

1. ** 工作提效：从 "执行者" 到 "管理者" **

－** 核心策略 **：

－** 老板思维 **：将 AI 视为下属，通过 "挑刺→优化指令→多方案筛选" 提升产出质量（如要求 AI 生成 3 个方案后择优）。

－** 任务外包 **：将重复性任务（如数据整理、文案初稿）交给 AI，聚焦核心决策。

　　–＊＊工具推荐＊＊：

　　　　–写作优化：AIPRM 插件、彩云小译（英文文献翻译）。

　　　　–设计辅助：Midjourney（快速生成设计灵感图）。

2.＊＊学习与决策：AI 作为"超级助理"＊＊

　　–＊＊学习辅助＊＊：

　　　　–＊＊信息筛选＊＊：用 Consensus 快速提取论文核心观点，结合 ChatGPT 总结关键结论。

　　　　–＊＊深度理解＊＊：让 AI 充当"提问者"，通过反问和案例分析检验知识掌握程度。

　　–＊＊决策优化＊＊：

　　　　–＊＊多角色模拟＊＊：让 AI 扮演不同角色，提供多维视角建议。

　　　　–＊＊隐含假设挖掘＊＊：让 AI 分析商业计划的潜在风险（如政策限制、技术瓶颈）。

－－－

＊＊四、未来趋势与创业机会＊＊

1.＊＊短期机会：AI 工具的场景化封装＊＊

　　–＊＊案例＊＊：简历优化、行业报告生成等轻量级应用（开发成本低，需求明确）。

　　–＊＊关键能力＊＊：快速整合现有 AI 能力，提供垂直领域解决方案。

2.＊＊长期方向：原生 AI 产品的创新＊＊

　　–＊＊核心逻辑＊＊：AI 将重塑用户交互方式（如定制化内容、个性化服务）。

　　–＊＊机会领域＊＊：

　　　　–教育：通过 AI 生成互动化学习内容（如可汗学院 AI 版）。

　　　　–消费：通过 AI 实现"千人千面"的营销与服务（如动态生成产品推荐）。

－－－

＊＊五、总结与行动建议＊＊

–＊＊个人行动＊＊：立即尝试将 AI 嵌入日常工作（如用 ChatGPT 写邮件、用 Midjourney 做设计草稿），并分享经验建立行业影响力。

–＊＊企业行动＊＊：优先优化高沟通成本环节（如设计、客服），通过 AI 降本增效，逐步向全流程渗透。

–＊＊长期视角＊＊：AI 是"智力电力革命"，其价值释放需结合人类创造力与流程设计能力，拒绝"替代焦虑"，拥抱"协作红利"。

4

用 DeepSeek 高效办公

在数字化办公时代，Office 工具既是创意的载体，又是效率的瓶颈：PPT 设计困于模板套用与逻辑断裂，Word 文档迷失于版本混乱与表述失焦，Excel 分析受限于公式门槛与洞察滞后。本章将以 DeepSeek 为核心，构建 Office 三件套的"智能内容工坊"，重新定义生产力工具的创意边界，用 DeepSeek 实现 Office 高效办公。

4.1 文字到 PPT 的效率跃迁：DeepSeek 和 PPT 的"双重唱"

DeepSeek 是大语言模型，它只能生成和"字"相关的内容，比如汉字、单词、代码以及特定格式（比如 Markdown 格式、Mermaid 格式等）的内容，而无法直接生成其他形式的内容。如果要生成 PPT，DeepSeek 需要接入自动生成 PPT 的工具来完成。此时还会用到一种语言：Markdown。

目前市面上主流的自动生成 PPT 的工具列举如下：

❑ AiPPT（官网地址为 https://www.aippt.cn/）。

❑ ChatPPT（官网地址为 https://www.chat-ppt.com/）。

❑ WPS AI（官网地址为 https://ai.wps.cn/）。

❑ 百度文库（官网地址为 https://wenku.baidu.com/）。

❑ 讯飞智文（官网地址为 https://zhiwen.xfyun.cn/）。

❑ iSilde（官网地址为 https://www.islide.cc/）。

例如，可以使用 Kimi 的 PPT 助手功能，免费生成 PPT，如图 4-1 所示。

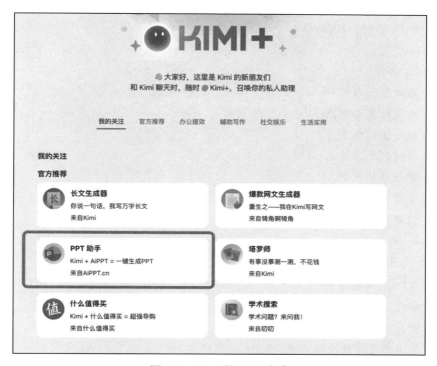

图 4-1　Kimi 的 PPT 助手

4.1.1　用 DeepSeek 生成 PPT 的基础操作

把 DeepSeek 生成的内容做成 PPT，需要 2 个步骤：

1）用 DeepSeek 生成 Markdown 格式的内容。

2）把 Markdown 格式的内容交给可以生成 PPT 的工具，比如 Kimi 的 PPT 助手，生成 PPT。

提示词：

我是公司的培训部经理，现在需要制作 2025 年 Q1 全员培训方案的 PPT，需要你写一份培训的大纲内容，用 Markdown 格式。

输出结果：

2025 年 Q1 全员培训方案大纲

封面页
- ** 标题 **：2025 年 Q1 全员能力提升计划
- ** 副标题 **：赋能组织发展・驱动业务增长
- ** 部门 **：培训部
- ** 日期 **：2024 年 12 月（预发布）
———

目录
1. 培训背景与目标
2. 培训对象与周期
3. 核心课程体系
4. 培训形式与特色
5. 考核评估机制
6. 资源支持与预算
7. 实施计划表
———

1. 培训背景与目标
1.1　背景分析
- 公司 2025 战略方向解读
- 当前组织能力诊断结果
- 员工年度绩效反馈痛点
1.2　培训目标
- ** 知识层面 **：新技术 / 行业趋势覆盖率 ≥ 85%
- ** 技能层面 **：核心岗位能力达标率提升 30%
- ** 文化层面 **：价值观践行优秀案例增长 50%
———

2. 培训对象与周期
2.1　参训人员
- ** 全员分级 **：
　- 管理层（L5+）：15%
　- 专业岗（L3－L4）：60%
　- 新员工（入职 <1 年）：25%
2.2　时间规划

- **总周期**：2025 年 1 月 6 日 -3 月 28 日
- **阶段划分**：

阶段	时间	内容
启动期	1.6-1.10	需求确认 / 课程匹配
实施期	1.13-3.21	分层授课 + 实战项目
验收期	3.24-3.28	成果汇报 / 评优表彰

---

3. 核心课程体系

3.1　通用必修课

- **数字化素养**：AI 办公工具深度应用
- **合规经营**：新修订行业法规精讲
- **高效协作**：跨部门敏捷工作法

3.2　岗位进阶课

- **技术序列**：前沿技术沙盘推演
- **营销序列**：全域营销增长策略
- **管理序列**：战略解码与团队赋权

3.3　选修拓展课

- 元宇宙与 Web 3.0 认知课
- 压力管理与心理韧性训练
- 行业标杆案例拆解工作坊

---

4. 培训形式与特色

4.1　创新模式

- **OMO 混合式学习**：
  - 线上：XR 虚拟课堂 + 知识闯关游戏
  - 线下：战训结合项目制（含客户现场实战）

4.2　特色机制

- **学分银行**：累计学分兑换发展资源
- **师徒熔炉**：高管 1v1 带教重点项目
- **即时反馈**：培训效果 AI 实时监测

---

5. 考核评估机制

5.1 评估维度

- **过程指标**：出勤率 / 任务完成度 / 互动活跃度
- **结果指标**：岗位认证通过率 / 业务指标提升率

5.2 激励政策

- 设立"金鹰奖"（个人）与"飞轮奖"（团队）
- 培训结果与晋升 / 调薪强关联
- 末位 10% 进入专项赋能营

---

6. 资源支持与预算

6.1 资源矩阵

- **内部资源**：高管讲师团 + 内训师认证体系
- **外部资源**：3 家战略合作商学院 + 行业智库

6.2 预算分配

- **总预算**：1280000 元
  - 课程开发：35%
  - 技术平台：25%
  - 外部专家：20%
  - 运营支持：15%
  - 其他：5%

---

7. 实施计划表

关键里程碑

- **筹备期**：
  - 需求调研：2024-12-01 至 2024-12-10
  - 课程设计：2024-12-11 至 2024-12-25
- **执行期**：
  - 管理层先行班：2025-01-06 至 2025-01-12（关键节点）
  - 全员启动会：2025-01-13 至 2025-01-14
  - 分层实施：2025-01-15 至 2025-03-21
- **收尾期**：
  - 效果评估：2025-03-24 至 2025-03-26
  - 颁奖典礼：2025-03-28

———

封底页

** 赋能热线 **：training@company.com

** 特别说明 **：本方案最终解释权归培训部所有

———

方案亮点

1）** 战略承接性 **：直接挂钩公司年度战略目标

2）** 结果导向 **：建立完整的 PDCA 闭环体系

3）** 科技融合 **：引入 XR/AI 等新型培训技术

4）** 成本可控 **：明确预算分配与资源复用机制

打开 Kimi 的 PPT 助手，将上面的 Markdown 内容复制到 PPT 助手中并生成更详细的方案大纲，如图 4-2 所示。

图 4-2　将 Markdown 内容复制到 PPT 助手中

生成新的方案大纲后，可以选择"一键生成 PPT"功能，如图 4-3 所示。

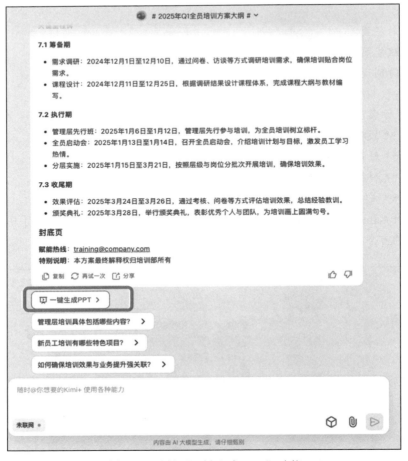

图 4-3 选择"一键生成 PPT"功能

接着选择一个合适的模板，比如模板场景选择"教育培训"，设计风格选择"商务"，如图 4-4 所示。

选好后，单击"生成 PPT"按钮，大约经过十几秒，PPT 就做好了，如图 4-5 所示。

单击"去编辑"按钮，可以在页面上对 PPT 进行修改。比如修改文字内容、添加 logo、增加图片等，如图 4-6 所示。

所有内容调整完之后，可以将生成的内容下载下来。Kimi 的 PPT 助手支持多种文件类型，包括 PPT、PDF 或者图片等，如图 4-7 所示，下载时可根据需要选择合适的文件类型。

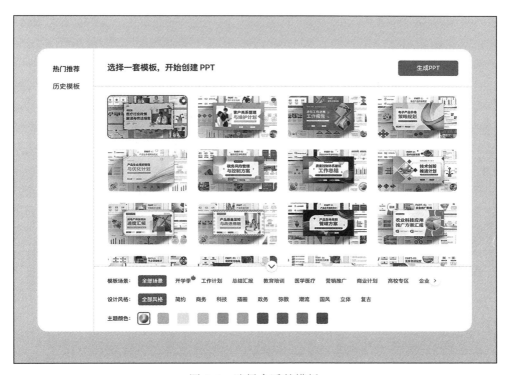

图 4-4　选择合适的模板

图 4-5　生成 PPT 的效果图

图 4-6　对生成的 PPT 进行编辑

图 4-7　下载 PPT

以上就是用 DeepSeek 生成 PPT 的基础操作。

4.1.2　用 DeepSeek 优化 PPT 的进阶操作

不过，你很快就会发现，虽然生成过程很快，但基本上每页 PPT 都得修改，包括文字、图片以及标题等。在实际工作场景中，更多的是修改原 PPT 标题、完善某页的内容，甚至基于公司模板的内容进行修改等。在这样的场景中，DeepSeek 的作用更多是辅助优化 PPT，并不能完全作为 PPT 生成工具。

怎么让 DeepSeek 来辅助优化 PPT 呢？

在回答这个问题之前，我们需要先了解一下 PPT 的制作流程：

❑ 确立核心。核心，也就是这份 PPT 的主题，而主题最直观的呈现就是 PPT 封面上的标题。你要思考什么样的标题能够更有吸引力，通过标题，你想给受众留下什么印象。比如标题"2025 年工作展望"与"新征程，新突破"，一样是对未来的表述，后者就比前者更有概括性。

❑ 构建脉络。脉络，对应的是 PPT 的目录。比如，你要思考目录有没有特点，能不能让大家看完目录，对你的内容有记忆点；是使用传统、老套的表述方式，还是列举关键词，帮助大家理解 PPT 的内容等。比如，目录有 3 条内容，分别是"职场晋升必须具备的三个能力：思考学习能力、业务推进能力、沟通协作能力"，现在如果表述成"职场晋升必须具备的三个能力：Think（思考学习能力）、Operate（业务推进能力）、Partner（沟通协作能力），首字母组成"TOP"。受众用 TOP 这个单词，很容易就记住了 3 个能力。

❑ 精练信息。精练信息，就是把发言稿中的内容尽可能地精简，提炼出要点信息，可以使用结构化表达，用尽可能少的字，涵盖大量的信息。比如，将一份 300 字的演讲稿精练成 3 个词。

❑ 整合素材。在制作 PPT 的过程中，经常需要用到各种素材，比如图片、文档、音频、视频等。这些素材（比如图片）的质量参差不齐，通常需要经过处理后才能使用。AI 工具可以帮助我们处理素材，提升 PPT 的质量。

❑ 优化排版。排版好看的 PPT 会比满篇文字的 PPT 更清晰，很多时候我们很难想到一个合适的版式。有了 AI 工具，可以直接让 AI 生成合适的内容，你只需要把自己的要求发给它即可。

上面提到的前 3 个步骤——确立核心、构建脉络、精练信息，是 DeepSeek 擅长的工作。

案例实操：把一份 5600 字的年终汇报稿整理成 PPT

年终汇报部分文字内容展示如下：

工作汇报

各位领导、同志们：

2024 年在集团公司的坚强领导和大力支持下，按照"深化管理年"的总体要求，企业规范化管理迈上新台阶；企业资质申报取得重大进展；业务经营范围迅速拓展；经济效益明显好转；企业综合竞争力日益增强；企业形象飞跃式提升；精神文明建设取得丰硕成果。圆满完成了年初集团公司下达的各项目标任务。下面，我代表交通工程咨询公司汇报 2024 年的工作及 2025 年的工作安排。

……

提示词：

这是我的年度工作汇报，现在需要整理成 PPT 的形式进行汇报，需要你帮我完成内容提炼，以 Markdown 格式输出整份大纲，要求：

1）标题和副标题要有吸引力

2）每个小节的内容标题能够让听众容易记忆，概括性高

3）把总结中的文本内容，转化为清晰、有逻辑的结构化信息

输出结果：

凝心聚力创佳绩，乘势而上启新程

×× 公司 2024 年度工作汇报

———

一、2024 年度核心成果速览

1. 经营业绩：超额完成目标

– **收入突破**：营收 1745.6 万元（完成率 145.5%），利润 130.9 万元（完成率 130.9%）

– **业务亮点**：监理业务占比 86%（1507 万元），多元化业务收入 238.6 万元（造价咨询＋设计＋界桩项目）

– **增长对比**：营收同比 +45.5%，利润同比 +30.9%

2. 资质升级：破局发展瓶颈

– 监理甲级资质（交通部公示）、设计/造价丙级资质

– 试验检测中心筹建完成，乙级资质申报启动

3. 业务拓展：迈向多元经营

－新增五大业务线：造价咨询、工程设计、竣工资料整理、试验检测、房建监理

———

二、2024 年关键行动与成效

**1. 业务突破：从驻地办到总监办的跨越 **

－首次承担青兰高速陕西境总监办项目

－监理团队扩容至 240 人，能力覆盖大型高速公路项目

**2. 成本优化：合作模式创新 **

－合作单位管理费从 10%～15% 降至 5%，节省成本 350 万元

**3. 管理升级：制度驱动效率 **

－完善 26 项管理制度（财务、项目、人员等），构建现代化企业框架

**4. 品牌建设：软硬实力双提升 **

－办公环境焕新，企业形象跃升

－获评"区级文明单位"，组织公益捐赠、文体活动超 10 场

**5. 安全护航：全年零重大事故 **

－专项排查治理覆盖 100%，保障奥运、汛期安全

———

三、2025 年战略目标与行动计划

**1. 核心目标：营收 3000 万元，利润 300 万元 **

－监理主业稳根基，多元业务全面发力

**2. 四大核心战略 **

**（1）监理品质：铸就行业标杆 **

－落实"六位一体"质量体系，确保工程"质量零缺陷"

－关键指标合格率 100%，抽检合格率 ≥ 95%

**（2）资质升级：抢占市场先机 **

－试验检测乙级资质（2025 年 7 月前完成）

－房建监理资质申报加速

**（3）多元布局：全产业链发力 **

－拓展试验检测、环保监测、公路科研等高潜力领域

－优化人力资源复用，提升综合效益

**（4）人才强企：打造精英团队 **

－持证率提升计划：组织专项培训，鼓励"一人多证"

– 完善绩效考核与激励机制，留住核心人才

**3. 支撑保障：夯实发展根基 **

– ** 财务管理 **：预算管控＋成本优化，提升资金周转率

– ** 安全生产 **：常态化隐患排查，应急预案全覆盖

– ** 廉政建设 **：强化监理人员监督，构建反腐长效机制

———

四、展望：乘势而上，再攀高峰

– ** 机遇 **：高速公路大发展，政策红利持续释放

– ** 承诺 **：以创新驱动、品质为本，助力集团高质量发展

**2025，我们蓄势待发！ **

我们使用 AiPPT（https://www.aippt.cn/）的"文档生成 PPT"生成功能，如图 4-8 所示。注意，AiPPT 和 Kimi 的 PPT 助手的功能区别在于：AiPPT 严格按照你的大纲生成，不会扩展；Kimi 的 PPT 助手会基于你的大纲内容进行扩展。

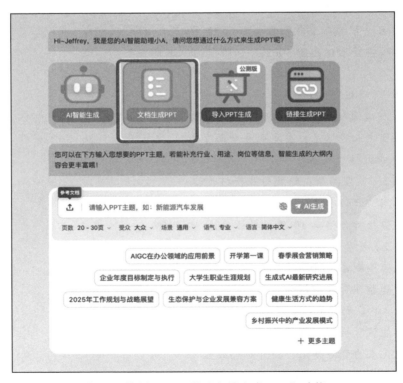

图 4-8　使用 AiPPT 的"文档生成 PPT"功能

将生成的内容复制到 Markdown 对话框中，如图 4-9 所示。

图 4-9　将生成的内容复制到 Markdown 对话框中

单击"确定"按钮，结果如图 4-10 所示。此功能不会对内容进行扩展，Markdown 中有什么内容，就显示什么内容。

下一步，挑选模板。选择场景下的"总结汇报"，如图 4-11 所示。

单击"生成 PPT"后，AiPPT 会开始制作 PPT，制作完成后可进行 PPT 的细节调整，比如修改字体、调整字体大小、更换图片等，如图 4-12 所示。

4.1.3　优化单页 PPT 的排版

在修改 PPT 的过程中，会遇到调整内容版式的场景。目前具备自动生成功能的 PPT 工具都支持这个功能，选择其中一个页面，单击"换样式"按钮，即可调整当前页面的版式设计，对比效果如图 4-13 所示。

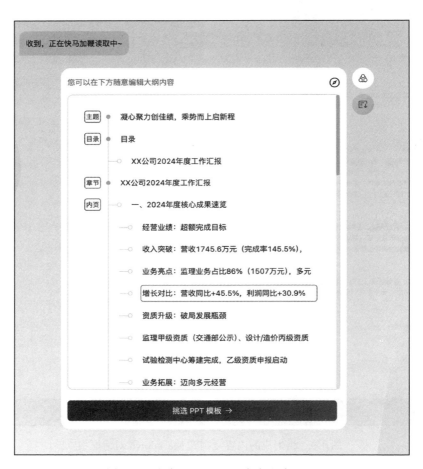

图 4-10　根据 Markdown 内容生成 PPT

在制作 PPT 的过程中，有时由于图片本身不清晰或者其他使用要求，需要对图片素材进行处理。过去需要使用专业的 PS 软件来处理，现在有了 AI，点一点鼠标就能轻松解决这些问题。我们在百度图片搜索相关素材，如图 4-14 所示。

图 4-11　选择模板

图 4-12　进行 PPT 的细节调整

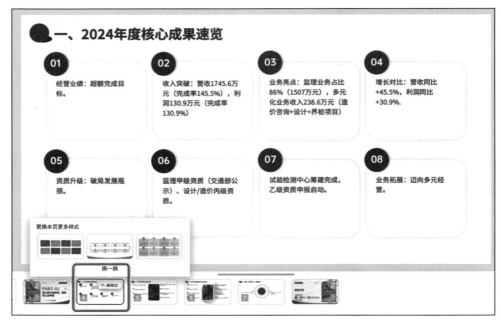

a）换样式之前

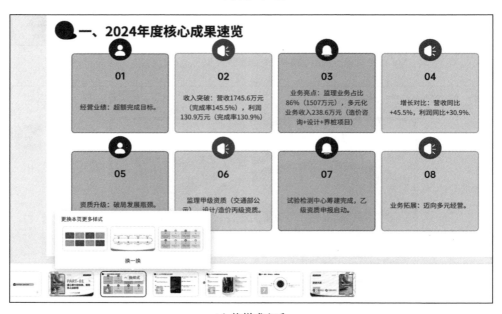

b）换样式之后

图 4-13　修改 PPT 样式

图 4-14　在百度图片搜索相关素材

百度 AI 支持的图片处理功能如图 4-15 所示。

图 4-15　百度 AI 支持的图片处理功能

这张图片不够清晰，单击"变清晰"，如图 4-16 所示，调整后清晰度会大幅提升。处理完成后，就可以下载保存，在 PPT 里使用了。

如果你对找到的图片都不满意，还可以使用 AI 画图工具来创作图片。具体可参见第 5 章的相关内容。

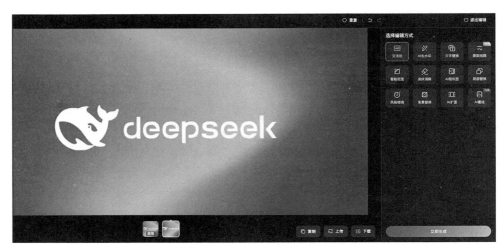

图 4-16　调整图片清晰度

4.2　用 DeepSeek 做数据分析：效率与决策的双重进化

DeepSeek 的深度思考能力能大幅提升数据处理效率，将传统需要数天才能完成的数据分析压缩至小时级，减少 80% 人工核对成本。数据洞察和数据分析能力让业务评估提速 3 倍，使管理者的决策时间缩短 60%，在激烈的竞争中实现分钟级响应，显著强化企业的敏捷决策能力。

提示词：

这有一份公司数码产品销售数据，从市场分析的角度，帮我分析一下不同片区销售产品的特点，以及差异化在什么地方，模拟分析一下潜在的原因。

销售日期	产品名称	销售员	销量	业绩	片区
2024/1/18	鼠标	张三	78	10007.93	华北
2024/2/28	键盘	李四	50	18608.24	华南
2024/3/3	显示屏	王五	28	14521.12	华中
2024/5/15	耳机	老六	25	18282.29	华东
2024/5/23	显卡	张三	4	13091.53	华北
2024/2/26	鼠标	李四	43	17282.07	华南
2024/5/21	键盘	王五	85	11844.37	华中
2024/4/6	显示屏	老六	40	17143.03	华东
2024/1/8	耳机	张三	95	15498.48	华北
2024/4/25	显卡	李四	54	10154.7	华南
2024/5/17	鼠标	王五	72	12935.38	华中
2024/5/18	键盘	老六	24	16461.71	华东

（续）

销售日期	产品名称	销售员	销量	业绩	片区
2024/5/14	显示屏	张三	95	19677.19	华北
2024/5/21	耳机	李四	55	16604.5	华南
2024/1/15	显卡	王五	34	18852.48	华中
2024/2/1	鼠标	老六	89	10624.79	华东
2024/2/4	键盘	张三	51	14895.91	华南
2024/3/3	显示屏	李四	100	13440.78	华中
2024/3/2	耳机	老六	100	17767.46	华东

输出结果：

从市场分析的角度，对四个片区（华北、华南、华中、华东）的销售数据进行分析如下：

———

一、片区销售特点分析
1. 销量与业绩对比

片区	总销量	总业绩	平均单价（业绩 / 销量）
华北	409	68879.84	168.41
华南	430	94486.64	219.74
华中	477	98217.35	205.88
华东	434	91767.14	211.44

特点：

- **华南片区** 平均单价最高（219.74），表明其可能更倾向于高单价产品，面向的是高消费能力群体。
- **华中片区** 总销量最高（477），但平均单价略低于华南和华东，可能以中端产品走量为主。
- **华北片区** 总销量和总业绩均最低，且平均单价最低（168.41），可能消费能力较弱或市场竞争压力较大。

———

2. 各片区热销产品分析

片区	销量前三的产品（销量）	业绩前三的产品（业绩）
华北	鼠标（78）、耳机（95）、显卡（4）	耳机（15498.48）、

鼠标（10007.93）、显卡（13091.53）|

| 华南 | 键盘（50）、鼠标（43）、显卡（54）| 键盘（18608.24）、显卡（18852.48）、鼠标（17282.07）|

| 华中 | 显示屏（28＋100）、键盘（85）、鼠标（72）| 显示屏（14521.12＋13440.78）、键盘（11844.37）、鼠标（12935.38）|

| 华东 | 耳机（25＋100）、显卡（50）、鼠标（89）| 耳机（18282.29＋17767.46）、显卡（13091.53）、鼠标（10624.79）|

差异化：

– **华北**：耳机销量和业绩突出，但显卡销量极低，可能消费者偏好外设产品。

– **华南**：键盘和显卡的销量与业绩双高，可能与企业采购或电竞产业需求相关。

– **华中**：显示屏销量和业绩占比最高，可能对接的是企业或设计类用户。

– **华东**：耳机和显卡表现优异，且存在高销量（如耳机单笔销量达100），可能与年轻消费者或电商促销有关。

二、潜在原因推测

1. **消费能力差异**

  – 华南和华东片区平均单价较高，可能原因是经济发达，消费者更愿意购买高单价商品（如显卡、耳机）。

  – 华北片区单价较低，可能受限于市场竞争激烈或目标客群预算敏感。

2. **市场需求定位不同**

  – 华中片区主打显示屏产品，可能与企业办公需求或设计行业集中有关。

  – 华南片区键盘销量高，可能与电竞产业或程序员群体密集相关。

3. **销售策略影响**

  – 华东片区耳机单笔销量达100，可能存在大客户采购或限时促销活动。

  – 华北片区显卡销量极低（仅4），可能因库存不足或推广力度不足。

4. **季节性因素**

  – 华北片区1月耳机销量较高（95），可能与春节前促销相关；而5月显卡销量低迷，可能与新品未上市有关。

三、建议

1. **华北片区**：增加中低端外设产品的促销活动，同时引入显卡新品以测试市场反应。

2. ** 华南片区 **：加强键盘和显卡的组合销售（如电竞套装），挖掘企业客户需求。

3. ** 华中片区 **：针对显示屏推出企业采购优惠活动，拓展设计类用户群体。

4. ** 华东片区 **：利用耳机的高销量优势，结合电商平台开展直播促销活动，同时提升显卡的推广力度。

通过以上分析，片区间的差异化主要源于消费能力、市场需求定位及销售策略，需针对性地优化产品结构和营销方案。

在上述输出结果中，DeepSeek 甚至给出了下一步的建议。当然，我们也可以结合更多公司的战略需求来优化输出结果，比如 2025 年 AI 是大趋势，结合 AI 进行商品的调整和改良等。

提示词：

这些产品是公司现有的产品，2025 年 AI 周边的设备很有市场，基于公司目前的产品线，针对如何改良，在哪个数码设备上加入 AI 功能，帮我做个策略分析以及优先级排序。

输出结果：

** 一、现有产品与 AI 功能结合的潜力分析 **

基于公司现有产品线（鼠标、键盘、显示屏、耳机、显卡），结合 2025 年 AI 周边设备市场趋势，各产品的改良方向及潜力如下：

产品	可添加的 AI 功能	市场需求匹配度	技术可行性	成本效益
** 显卡 **	AI 加速计算、深度学习优化、实时渲染能力增强	极高	高	高
** 耳机 **	AI 降噪、环境音识别、语音助手集成	高	中	中
** 键盘 **	AI 输入预测、智能快捷键自定义	中	中	低
** 显示屏 **	AI 亮度 / 色温自动调节、护眼模式优化	中	低	低
** 鼠标 **	AI 手势识别、工作效率分析	低	低	低

核心结论：
- **显卡**和**耳机**是与 AI 功能结合潜力最高的产品，市场需求明确且技术适配性强。
- **键盘**和**显示屏**需依赖具体场景优化，优先级次之。
- **鼠标**因功能单一且单价低，改良性价比有限。

二、优先级排序与策略建议

1. 第一优先级：显卡（AI 加速与渲染优化）

- **理由**：
  - **市场需求**：AI 计算需求（如游戏、设计、AI 开发）快速增长，华南和华东片区显卡销量高，用户对高性能硬件接受度高。
  - **技术适配**：显卡本身具备强大的并行计算能力，可无缝集成 AI 加速功能（如 NVIDIA DLSS 技术）。
  - **竞争壁垒**：通过 AI 优化渲染效率，可吸引电竞玩家、设计师等高端用户。
- **改良方向**：
  - 推出"AI 增强版显卡"，支持深度学习超采样（DLSS）、实时光线追踪 AI 优化。
  - 针对企业客户（如华南片区），提供 AI 计算卡定制服务。

2. 第二优先级：耳机（AI 降噪与语音交互）

- **理由**：
  - **市场需求**：华北和华东片区耳机销量突出，且消费者对智能穿戴设备兴趣高。
  - **场景适配**：AI 降噪可提升通话 / 会议体验，语音助手集成符合远程办公趋势。
- **改良方向**：
  - 开发"AI 智能降噪耳机"，支持环境音识别（如自动切换降噪模式）。
  - 与语音助手（如小爱同学、Siri）深度合作，推出语音控制快捷功能。

3. 第三优先级：键盘（AI 输入预测与场景适配）

- **理由**：
  - **市场需求**：华南片区键盘销量高，电竞和企业用户可能需要高效输入工具。
  - **差异化机会**：AI 可学习用户的输入习惯，提供代码补全、文案优化等增值功能。

- **改良方向**：

    - 针对程序员 / 电竞用户推出"AI 智能键盘"，支持代码片段预测、宏命令自定义。

    - 与企业合作（如华南片区），提供批量采购的办公优化版本。

4. 第四优先级：显示屏（AI 护眼与显示优化）

- **理由**：

    - **市场需求**：华中片区显示屏销量高，企业用户可能关注员工健康与显示效果。

    - **功能增值**：AI 自动调节可减少用户手动操作，提升体验。

- **改良方向**：

    - 开发"AI 护眼显示屏"，根据环境光自动调节亮度和色温。

    - 针对设计行业（华中片区），增加 AI 色彩校准功能。

5. 暂不推荐：鼠标

- **原因**：功能单一、技术门槛高且溢价空间有限，除非有颠覆性创新（如 AI 手势控制），否则优先级最低。

———

三、片区差异化策略

1. **华南片区**：

    - 主推 **AI 显卡**（电竞 / 企业计算需求）和 **AI 键盘**（程序员群体）。

    - 联合本地电竞俱乐部或科技企业开展联合营销。

2. **华东片区**：

    - 重点推广 **AI 耳机**（年轻消费者）和 **AI 显卡**（高性能需求）。

    - 利用电商平台开展直播促销活动，突出 AI 功能的科技感。

3. **华中片区**：

    - 主打 **AI 显示屏**（企业采购）和 **AI 键盘**（办公场景）。

    - 与设计公司 / 高校合作，提供定制化解决方案。

4. **华北片区**：

    - 以 **AI 耳机**（高销量基础）为核心，搭配中端 AI 外设套餐。

    - 通过促销活动降低尝鲜门槛（如"AI 功能免费试用"）。

———

四、风险与应对

1. **技术风险**：

- AI 算法开发需投入资源，建议与第三方技术公司合作（如科大讯飞、商汤科技）。
2. ** 成本压力 **：
- 分阶段推出产品，先在高价位段试水，再逐步下沉。
3. ** 市场竞争 **：
- 强化差异化功能（如"华中专供 AI 显示屏"），避免与巨头直接竞争。
———
** 五、总结 **
** 优先级排序 **：显卡→耳机→键盘→显示屏→鼠标
** 策略核心 **：以高附加值 AI 功能撬动高端市场，结合片区需求精准落地，逐步构建"AI+ 数码"生态。

这里要注意，虽然 DeepSeek 的深度思考能力很强，但是需要做出决策时，依然要和专业经验结合，制定更符合公司发展需求的营销策略。

4.3　将 DeepSeek 接入 Office 软件

本节会向大家介绍如何把 DeepSeek 接入 Office 软件，让工作效率更高。

打开 https://www.office-ai.cn/，选择"立即下载"（目前只支持 Windows 系统），如图 4-17 所示。

图 4-17　下载 OfficeAI 助手

下载并安装完成后，在 Office 软件上会出现提示（以 WPS 为例），如图 4-18 所示，页面中会有"OfficeAI"选项卡，需要微信登录一下。

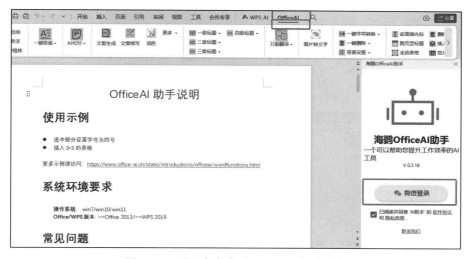

图 4-18　页面中会有 "OfficeAI" 选项卡

登录成功后，可以看到一个对话框，如图 4-19 所示，注意，这个对话框对接的模型并不是 DeepSeek R1 模型。

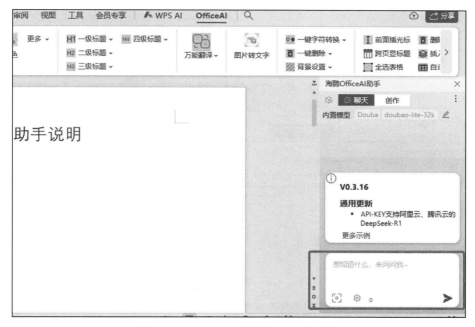

图 4-19　OfficeAI 助手的聊天对话框

打开 "设置"，可以看到默认使用的内置模型是豆包，如图 4-20 所示。

图 4-20 查看内置模型

要修改内置模型，我们需要在"ApiKey"中依次设置模型平台为"硅基流动"，模型名为"deepseek-ai/DeepSeek-R1"，如图 4-21 所示。

图 4-21 修改内置模型

注意，API_KEY 需要从硅基流动的密钥中获取。打开硅基流动的 API 密钥，新建 API 密钥描述，会生成一组新的密钥，如图 4-22 所示。

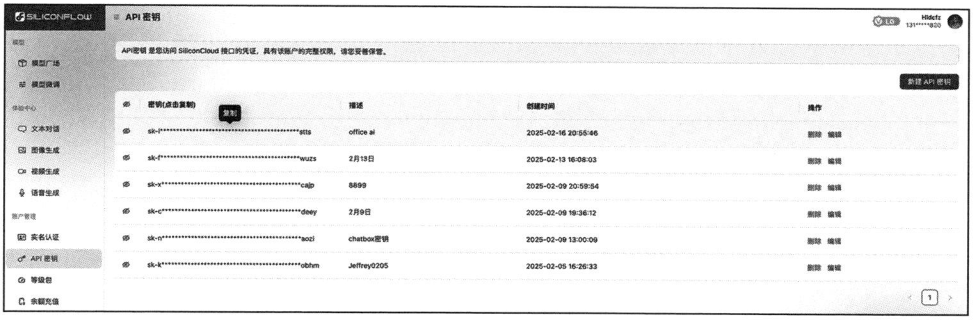

图 4-22　新建 API 密钥

将新的密钥直接复制到上一步的 API_KEY 中并保存，如果设置成功，会弹出新的对话框，提示"大模型设置成功"，如图 4-23 所示。

图 4-23　大模型设置成功

将 DeepSeek 成功接入 Office 软件后，我们用一个具体案例来测试一下。

提示词：

我是一名办公室职员，帮我写一个全员通知，组织大家召开一次关于 DeepSeek

的分享会，要求大家准时参加，时间是本周五下午 4 点，401 会议室。

输出结果：

【会议通知】关于组织 DeepSeek 应用技术分享会的通知

全体同事：为推进智能办公技术应用落地，综合部定于 2025 年 × 月 × 日（本周五）组织专题技术分享会。具体事宜通知如下：

1. 会议时间

2025 年 × 月 × 日（本周五）下午 16：00-17：30

2. 会议地点

四层 401 多功能会议室（东侧电梯间对面）

3. 会议主题

DeepSeek 技术应用深度解读：

1）AI 助手在办公场景的实际运用

2）文档智能处理功能演示

3）跨部门协作效能提升方案

4. 参会要求

1）请本部及项目部全员提前 10 分钟到场签到

2）建议携带工作电脑实时实操演练

3）会议期间请将手机调至静音模式

5. 特别提醒

本次分享内容已适配销售、运营、技术等不同岗位需求，演示环节设有专项答疑时间。会后将共享教学视频及操作手册。

特此通知，请各团队做好工作安排，按时参会。

联系人：×××（分机 8802）综合部

2025 年 × 月 × 日

注：已同步上传会议资料至 OA 系统"公共文件区"-"技术培训"文件夹，可预先下载了解。

生成通知后，可以一键"导出到左侧"，进行排版和二次编辑，如图 4-24 所示。

除了基础的对话功能，OfficeAI 还提供了创作模板，方便一键生成想要的内容，如图 4-25 所示。

比如选择"工作进度汇报"，可以根据自己的需求修改提示词、回复内容、目标效果，如图 4-26 所示。

单击"确定"按钮后，OfficeAI 助手开始生成内容，如图 4-27 所示。

图 4-24　一键"导出到左侧"

图 4-25　选择创作模板

DeepSeek 与 Office 办公生态的深度融合，可实现智能内容生成与演示文稿设计的无缝衔接，使系统自动完成文字精练、数据可视化排版及多风格模板适配，将传统需 2～3 小时的 PPT 制作压缩至 15 分钟内完成，使创作效率提升50% 以上，真正让工作重点回归内容表达而非格式调整，助力用户快速输出专业级演示方案。

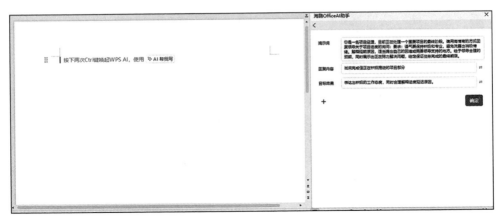

图 4-26 根据实际需求修改模板

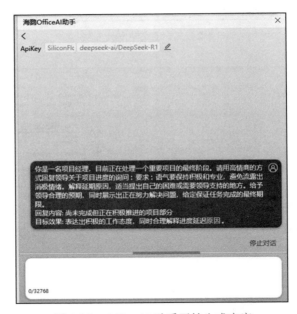

图 4-27 OfficeAI 助手开始生成内容

| 第 5 章 | C H A P T E R

用 DeepSeek 高效生成图文与视频

在自媒体内容竞争白热化的今天,"日更压力""创意枯竭""多内容制作"成为压在创作者头上的"三座大山"。本章聚焦 DeepSeek 对内容生产力的重构。DeepSeek 通过 AI 选题引擎实时追踪全网热点,智能生成爆款标题与创意框架,将选题策划的耗时缩短 70%,在保障内容质量的同时,将日更产能提升至传统模式的 8 ~ 10 倍,助力创作者突破创意瓶颈,构建工业化的内容生产体系。

5.1 DeepSeek 文字创作智能框架:从灵感到成稿的全周期赋能

自媒体的全周期创作包含 4 个关键步骤:找好定位、设定选题、优化标题和创作文案。下面重点从辅助定位、设定选题、优化标题、创作文案四方面展开讲解。

5.1.1 用 DeepSeek 辅助定位

定位是做自媒体的第一步,"定位定江山",那么如何用 DeepSeek 辅助定位?我们通过一个具体示例进行说明。

提示词:

我现在是一名宝妈,想在小红书上成为一名育儿领域的博主,用大白话给用户讲育儿方面的内容。请给我提供 4 个博主的人设定位参考，需要有定位名称以及详细说明。我还想有自己的风格特点，有差异化。

输出结果：

结合你的需求，我设计了 4 个有差异化、适合新手妈妈的育儿博主人设，附带具体操作建议（最后有惊喜定位推荐）。

———

1. 人设定位： 人间清醒养娃嘴替

** 风格说明：**

用 "脱口秀式吐槽" 讲真实育儿日常，专治育儿焦虑。把 "半夜喂奶" "辅食灾难" 等场景编成段子，配表情包九宫格图文。

** 差异化：**

– 选题：专怼 "专家式育儿建议"，比如《崔×× 不会告诉你：婴儿吐奶后的沙发有多酸爽》。

– 口癖：每篇必带 "听我的，这样摆烂更快乐"。

– 视觉：封面用夸张漫画风，比如自己顶着鸡窝头被娃当马骑。

———

2. 人设定位： 育儿界人间说明书

** 风格说明：**

用家电说明书格式拆解育儿难题，每篇都是 "产品故障排除指南"。

** 差异化：**

– 爆文案例：《人类幼崽夜醒功能关闭指南》分步骤图解。

– 独创栏目："用户反馈区" 让粉丝分享 "翻车" 经历。

– 视觉：模仿产品说明书做对比表格，比如不同月龄 "续航时间表"。

———

3. 人设定位： 反焦虑育儿特工

** 风格说明：**

专扒母婴产品智商税，用实验室级测评打假。每周更新《这个育儿神器我替你踩雷了》。

** 差异化：**

– 必杀技：用办公用品改造平替（A4 纸做早教卡教程）。

– 数据展示：Excel 表格对比母婴产品溢价率。

– 人设细节：永远背着妈妈包出镜，包上挂满测评工具。

———

4. 人设定位： 育儿界"野生"课代表

** 风格说明：**

把晦涩的育儿书 / 论文转化成小学生都能看懂的笔记，主打"每天 3 分钟听懂一本育儿书"。

** 差异化：**

– 爆款框架：《崔 ×× 育儿百科》精华都在这张 A4 纸上。

– 视觉符号：所有内容手写在小学田字格本上拍摄。

– 互动设计：每周发布"课代表摸底考试"趣味测试。

———

💡 终极建议：

尝试"育儿界谍报员"人设：

– 用特工电影风格解密育儿冷知识（配电影《007》背景乐）。

– 每期任务：潜伏母婴店获取奶粉价格情报。

– 视觉标配：墨镜＋风衣造型逛母婴店。

– 独创暗号：在奶粉罐旁拍照比 OK 手势＝推荐好物。

初期建议从图文起步，每周 3 更（1 篇干货＋1 篇日常＋1 篇互动）。重点经营选题反差感，比如把纸尿裤测评写成《人类幼崽屁屁防御系统调研报告》。等粉丝数超 5000 后，用"当妈前后对比证件照"系列引爆涨粉。

DeepSeek 一次给了 4 个定位的角度，如果都不喜欢，可以继续让 DeepSeek 给你更多的人设定位参考。

5.1.2　用 DeepSeek 设定选题

选择好定位后，可以据此进行选题参考，比如对于上面的定位，我们可以继续追问。

提示词：

现在我想要参考的博主人设定位有"人间清醒养娃嘴替"，你可以给我具体的小红书短视频选题吗？

输出结果：

这就来输出"人间清醒养娃嘴替"专属选题库！按爆款因子分成 5 类，所有选题都带脱口秀式吐槽点和记忆点设计（附防撞车指南）。

———

** 一、日常篇：把狼狈日常变成段子 **

1. ** 标题 **：《专家不会说：婴儿放屁崩出屎才是宇宙真理》

– **梗点**：拍自己睡衣上的可疑污渍特写，突然切优雅专家讲座画面。

– **金句**："育儿博主穿白衣服？那是对婴儿消化系统的不尊重！"

2. **标题**：《当妈后才懂：婴儿的睡眠是薛定谔的猫》

– **梗点**：用监控视角拍自己蹑手蹑脚离开婴儿床的 0.5 秒后娃爆哭。

– **反转**：突然切综艺花字"全军覆没！第 237 次逃离行动失败"。

———

二、痛点篇：专怼焦虑制造机

3. **标题**：《谁再让我做辅食冰格就让他吃三年冻包子》

– **爆点**：直播把冰格辅食倒进马桶（配《一剪梅》背景乐）。

– **口癖**："听我的，菜叶子剁碎丢粥里就是米其林三星！"

4. **标题**：《婴儿游泳课？不如看我表演马桶圈漂流》

– **对比**：左屏婴儿游泳课 40 分钟花 300 块 vs 右屏澡盆放塑料鸭子。

– **怼人**："这钱省下来买奶茶，妈妈心情好娃才能长得好！"

———

三、反焦虑篇：用摆烂哲学解构科学育儿

5. **标题**：《崔×× 没说：婴儿抚触时放屁算亲子互动》

– **画面**：给娃做抚触时被连环屁攻击的慢镜头。

– **升华**："科学育儿重要，但笑着活下来更重要。"

6. **标题**：《早教卡？外卖单才是真·双语启蒙神器》

– **实操**：用奶茶杯教"大杯 = big cup"，用薯条袋教"脆 = Crispy"。

– **暴言**："别卷了！万物皆可早教，重点是妈妈先别疯。"

———

四、搞笑篇：魔改经典致敬带娃族

7. **标题**：《甄嬛传之当妈版：臣妾要告发母乳喂养 PUA！》

– **翻拍**：穿清宫装举奶瓶："这吸奶的福气，给你要不要啊？"

– **玩梗**：弹幕飘过"奶嬷嬷辛苦了"。

8. **标题**：《新概念育儿英语：Deadline = 娃睡着后的黄金时间》

– **造句**："Hurry up = 换尿布时速超 F1 换轮胎"。

– **道具**：举"妈妈听力十级证书"（能分辨哼唧声的 32 种含义）。

———

五、撒手锏：让粉丝主动传播的选题

9. **标题**：《当代妈味鉴定指南：看到纸巾第一反应是擦口水》

– **测试**：拍自己下意识用湿巾擦老公眼镜/擦电脑屏幕。

　－ ** 互动 **：发起 "妈味行为大赏" 话题（已有 11.2 万讨论）。

10. ** 标题 **：《婴儿用品黑话词典：自主入睡＝熬到 "断电"，奶睡＝液态安眠药》

　　－ ** 词条 **："睡整觉＝连续 3 小时不睁眼"。

　　－ ** 埋梗 **：最后突然正经："其实当妈不用懂黑话，懂自己就好。"

———

** 💡 执行锦囊：**

1. ** 开场必杀技 **：用新闻联播腔念 "今天是当妈的第 ×× 天"，突然切鸡窝头造型。

2. ** 记忆点设计 **：每期视频藏 1 个彩蛋（如背后书架某本书名永远倒放）。

3. ** 防抄袭标志 **：所有字幕用 "妈圈专属字体"（带奶渍效果）。

建议首月集中拍日常篇和痛点篇，用《薛定谔的睡眠》《辅食冰格起义》这类选题打标签，等算法识别后，用《甄嬛传妈版》这类反差选题冲爆款。

5.1.3　用 DeepSeek 优化标题

有了选题之后，可以让 DeepSeek 继续优化选题里的标题。同时，可以把这些选题加入选题库。

提示词：

请帮我优化标题《婴儿用品黑话词典：自主入睡＝熬到 "断电"，奶睡＝液态安眠药》，我希望优化后的标题更加吸引用户，更能提高被用户搜索到的概率，更符合小红书的调性。

输出结果：

根据小红书母婴类爆款标题的八大黄金公式，为你优化 5 个版本（含 SEO 关键词埋入技巧）。

———

** 优化思路：**

1. ** 加入精准搜索词 **：嵌入 "自主入睡" "奶睡" "哄睡难" 等高频搜索词。

2. ** 制造反差对比 **：用妈妈圈黑话 vs 学术用语制造幽默冲突。

3. ** 增加情绪钩子 **：使用 "救命" "笑死" "人间真实" 等小红书高互动词。

4. ** 符合算法推荐 **：加入 "新手妈妈" "带娃日常" 等标签类关键词。

———

** 爆款标题方案：**

1. **《新手妈妈必解码！奶睡＝液态麻醉剂 🦴｜婴儿睡眠黑话让我笑出腹肌》**
   - ☐ 埋词：新手妈妈、婴儿睡眠、奶睡。
   - ☐ 爆点：表情包式比喻＋效果承诺（笑出腹肌）。
2. **《扒光母婴博主谎言 💧 自主入睡 ≈ 熬到断电 ⚡｜这些黑话防 PUA 指南》**
   - ☐ 埋词：母婴博主、自主入睡、PUA。
   - ☐ 爆点：冲突性动词"扒光"＋防坑人设强化。
3. **《救命 sos 原来哄睡黑话是莫尔斯码！奶睡＝液态褪黑素｜人间清醒词典》**
   - ☐ 埋词：哄睡、褪黑素、人间清醒。
   - ☐ 爆点：密码学类比＋"救命体"开头。
4. **《爆笑解读婴儿睡眠黑话 💤 奶睡＝妈牌安眠药 💊｜建议收藏防焦虑》**
   - ☐ 埋词：婴儿睡眠、奶睡、防焦虑。
   - ☐ 爆点：实用型指令（建议收藏）＋药品类比。
5. **《母婴圈不能说的秘密㊙ 自主入睡＝熬鹰战术 🦅｜新手黑话翻译绝了》**
   - ☐ 埋词：母婴圈、自主入睡、新手。
   - ☐ 爆点："秘密"体开头＋动物行为学类比。

———

🔍 搜索优化技巧：
1. 在正文前三行重复核心关键词（如"自主入睡""奶睡"）。
2. 添加相关标签：# 自主入睡 # 睡渣宝宝 # 哄睡神器 # 当妈后才知道。
3. 封面用对比式排版：左侧写"专家术语"，右侧写"妈圈黑话"（字体要反差萌）。
建议选择方案 2 或 5，既能强化你"反焦虑育儿"的人设，又包含"防PUA""熬鹰战术"等小红书近期热门梗，容易触发算法推荐。

从定位开始延伸，一个定位可以出 5 个选题，每个选题还可以配 5 个标题，这样通过随机组合，就能得到 25 个灵感。

5.1.4 用 DeepSeek 创作文案

1. 创作短视频文案

当然，有了标题，更重要的是需要有短视频文案，不论是自己拍摄还是素材混剪，都需要有文案。接下来，继续让 DeepSeek 帮我们创作短视频文案。

提示词：

我想让你以"爆笑解读婴儿睡眠黑话 💤 奶睡＝妈牌安眠药 💊｜建议收藏防焦虑"为标题，写一篇小红书短视频的文案，我要来拍摄。

输出结果：

好的，我按照"脱口秀＋情景剧"混合模式设计了这个爆款脚本，包含具体分镜和表演指导（文末附引流秘籍）。

———

**标题 **：《爆笑解读婴儿睡眠黑话 💤 奶睡＝妈牌安眠药 💊| 建议收藏防焦虑》

———

【开场 3 秒抓眼球】

**画面 **：你穿白大褂戴听诊器，用新闻联播腔严肃发言。

**台词 **："专家建议，婴儿每天应保持 12 小时优质睡眠……"

**突然 **：背后传来娃的嚎哭，你瞬间撕开白大褂露出沾满奶渍的睡衣。

**怼镜头 **："信他个鬼！今天教你看懂妈圈黑话！"

———

【第一部分：名词爆破】

**画面 **：左侧放专家 PPT 风格的名词解释，右侧拍你翻白眼的表情。

1. ** 自主入睡 **
   – 专家版："培养婴儿独立睡眠能力。"
   – 你突然举起闹钟："熬到他生物钟断电！"（配断电音效）
2. ** 奶睡 **
   – 专家版："不建议形成睡眠联想。"
   – 你掏出奶瓶当注射器："妈牌静脉注射麻醉剂！"（配医院滴答声）

———

【情景剧穿插】

**场景 **：模仿《药神》经典镜头
– 你以黑市商贩造型蹲墙角："要褪黑素还是奶睡？"
– 递出奶瓶的同时来个特写："这个见效快，但容易成瘾啊！"
– 突然有娃哭声（画外音），你秒变脸："成交！先来三小时！"

———

【高潮段子】

**画面 **：模仿网红李某某直播
– 举着《婴幼儿睡眠指南》："姐妹们听我说！这个睡眠倒退期……"
– 突然摔书："根本就是娃的复仇者联盟！每月准时来灭你！"
– 掏出台历画红圈："4 月翻身灭霸，6 月出牙洛基，8 月分离焦虑奥创……"

———

【结尾互动】

画面：你瘫在沙发上露出"活着就好"的微笑。

台词："其实哪有什么黑话，不过是老母亲的血泪密码。"

突然：举起 A4 纸，上有手写体大字。

大字："收藏这篇，下次专家说废话时，你就知道该翻哪页白眼！"

———

🎬 拍摄执行清单：

1. **道具组**：
   - 在白大褂内缝口水巾。
   - 在奶瓶上贴"麻醉剂"标签。
   - 用红色眼线笔在日历上画漫威 logo。

2. **演技重点**：
   - 说"静脉注射"时要像黑帮交易般挑眉。
   - 摔书后立刻切换假笑表情，说："爱你的宝贝哦！"

3. **算法心机**：
   - 在视频第 9 秒插入"睡眠倒退期"关键词。
   - 结尾用文字板提问"你家娃是哪派睡眠杀手？"以引导评论。

———

💡 流量密码：

拍完后用婴儿袜套当手套，模仿电影《王牌特工》片头发布花絮" Mission 睡眠·Possible"，带话题" # 当妈后演技炸裂，吃透影视梗流量。"

DeepSeek 输出的短视频文案细节拉满，有分镜的时间，有动作，有金句，还有剪辑的技巧。

2. 模仿创作文案

在进行文案创作时，模仿是一个常用的手法。那么，如何用 DeepSeek 来模仿创作一篇文案呢？

我们要先来学习一个概念——投喂。投喂，基于的是 DeepSeek 非常强大的学习能力。

给 AI 提供一定的样本，AI 能够更好地学习和理解，最后给我们想要的内容，通俗地讲，投喂就是"给 AI 打个样"。打个比方，我们无法向一个孩子解释清楚什么是苹果，但只要给孩子看一张苹果照片，告诉孩子这就是苹果，他就会记住。

同样，如果向 DeepSeek 投喂一篇范文，它就可以更好地进行二次创作。那么，怎么才能让 DeepSeek 模仿得更像？

简单的方法是在提示词中加入风格词，比如"鲁迅风""模仿《滕王阁序》的风格写一篇游记"等。

提示词：

以《滕王阁序》的风格写一篇游历长城的文章。

输出结果：

长城赋

戊戌之秋，序属玄英。予驱车度燕蓟之野，临居庸险塞。值寒云拥阙，朔气横空。登雄堞而眺八荒，瞰千峰而俯中原。但见危垣龙蹯，绝嶂虬蟠，苍岭如墨，寒穹似铅。乃知长城之壮，非匠石能凿其骨；山河之雄，岂丹青可摹其魂？

昔者秦鞭断流，汉旌裂雾。蒙恬劈石以为剑，霍侯铸铁而作屏。三十万甲士骨化戍楼之土，五百里狼烟血凝箭垛之痕。李广弓声犹啸空谷，班超节旄尚拂星躔。至若昭君琵琶咽冰河，文姬笳拍动霜林。孤城夜火，曾照征衣补裂；戍鼓晨霜，长惊客梦断魂。

今临残堞，但见群岫披金，层林醉赭。雉堞蜿蜒若素练垂天，燧峰错落如铜钉贯地。抚箭孔而苔痕湿手，叩戍砖而寒响惊禽。想昔年燧火连天之夜，铁衣映月之时，胡笳咽而星斗摇，画角悲而山川恸。白骨沉沙之地，今生碧草；血沃荒原之处，竟绽黄花。

忽闻长风过隙，似挟鼓鼙之声；乱云坠垒，恍见旄头之影。然四望唯见霜枫燃岭，寒鸦没空。昔日旌旗蔽日之场，今作游屐寻幽之境；当年剑戟如林之所，已成画师写生之台。乃知玉门羌笛，终化太平歌吹；阴山铁骑，尽作耕读人家。

嗟乎！长城万里，不过九土一痕；烽燧千年，终究汗青数行。然其横绝大漠，锁断烟尘，使胡马不敢窥江左，羌笛无能扰陇西。虽世殊时异，山河可鉴：铁血铸脊者永固，丹心为砖者长存。敢竭鄙怀，恭疏短赋：

紫塞连云接大荒，残阳如血镀金汤。

千年戍骨成新土，一夜秋风换旧妆。

燧火已随星斗散，狼烟化作稻花香。

登临莫叹英雄逝，自有青山护帝乡。

3. 文案拆解分析与再创作

（1）文案拆解分析

当我们无法用指令描述想要的创作风格的时候，可以借助 DeepSeek 来拆解分析，写指令，比如"对下面这篇文章，从文章结构、逻辑、语言、修辞、思想等角度进行分析和学习""对下面这首古诗，从结构、句法、修辞、写作手法、艺术特色等角度进行深入的拆解""对下面这个短视频文案，从文案的选题、结构、风格、特点、情绪共鸣，为什么能成爆款，以及用户为什么喜欢等角度进行拆解和分析"等。
准备一篇下载好的抖音短视频文案，上传给 DeepSeek。

提示词：

对下面这个短视频文案，从文案的选题、结构、风格、特点、情绪共鸣，为
什么能成爆款，以及用户为什么喜欢等角度进行拆解和分析。

输出结果：

短视频文案拆解分析

1. 选题：生活现象 + 经济学原理，引发好奇与共鸣

- **切入点**：从三亚高端酒店"淡季不降价"的现象出发，结合经济学中
的"品牌溢价""差异化服务"等概念，将抽象理论具象化。

- **普适性**：覆盖旅游、科技、通信等多个热门领域，既有大众熟悉的酒
店场景，也有前沿的 5G、AI 案例，拓宽受众覆盖面。

- **冲突感**：打破"降价促销"的常规认知，用反常识逻辑（空房反而更
赚钱）制造悬念，激发观众求知欲。

2. 结构：层层递进，逻辑闭环

- **现象→问题→分析→扩展→展望**：

  1）**现象**：三亚酒店高价满房 vs 淡季空房却不降价。

  2）**问题**：为何宁可空着也不降价？

  3）**分析**：品牌形象、高附加值服务（商务宴请、SPA 等）、顶级会员
贡献（凯悦案例）。

  4）**扩展**：差异化服务在景区网络、演唱会、AI 产品中的应用。

  5）**展望**：未来网络模块化（如乐高式接口），强化科技想象力。

- **案例穿插**：凯悦会员数据、纽约楼顶酒吧、景区网红专网等，用真实
数据与场景支撑论点。

3. 风格：口语化 + 专业感，轻松传递深度内容

- **亲和力**：使用"好，来咱们讨论""你说为啥"等口语化表达，营造
聊天氛围，降低理解门槛。

- **生动比喻**：将网络模块化比作"乐高积木"，使复杂概念形象化。

- **专业术语软化**：解释"差异化连接"时，用"网红专网抢流量"等生
活化场景辅助说明。

4. 特点：跨行业类比 + 前瞻洞察

- **横向类比**：酒店不降价→景区专网→演唱会网络包→苹果专属网络，
展示同一经济逻辑在不同领域的应用，增强说服力。

– **未来感**：提出"运营商开放接口""AI 产品专属网络"等趋势，满足观众对科技发展的探索欲。

– **数据背书**：凯悦 CEO 透露的会员贡献数据（1 个顶级会员＝40 个非会员），强化可信度。

5. 情绪共鸣：解答困惑＋满足身份认同

– **解惑型**：回答"为何不降价"这一大众疑惑，消除信息差，满足大众"恍然大悟"的快感。

– **身份投射**：商务人士、网红、科技爱好者等群体均能找到关联场景（如宴请、直播、AI 眼镜），增强代入感。

– **高端向往**：强调"顶级服务体验"的价值，暗合观众对品质生活的隐性追求。

6. 爆款基因：信息密度＋娱乐性＋时效性

– **高信息量**：5 分钟讲透品牌策略、会员经济、网络技术三大领域，内容"干货感"强。

– **娱乐元素**：调侃"几千块钱一晚的房间"、网红抢流量等，增添幽默感，避免枯燥。

– **蹭热点**：结合 AI 眼镜、Vision Pro 等科技新品，借势热点流量。

7. 用户为何喜欢：有用、有趣、有期待

– **有用**：观众既能学到经济学知识，又能收获景区抢网"小技巧"，实用性强。

– **有趣**：案例新奇（纽约楼顶酒吧）、表达生动（乐高比喻），观看轻松无压力。

– **有期待**：结尾对"模块化网络"的想象，给观众留下讨论空间，激发评论区互动。

总结

该文案成功将经济学原理"翻译"成大众语言，通过"反常识结论＋跨行业案例＋未来洞察"的组合拳，兼顾知识性与娱乐性。用户既能获得认知提升，又能在轻松氛围中感受到"原来如此"的爽感，加之紧跟科技潮流，自然具备爆款潜力。

（2）基于拆解分析进行再创作

拆解完成后，需要让 DeepSeek 基于上面的分析进行创作。

提示词：

运用以上你的分析，仿写一篇介绍通胀的短视频文案，直接给我文案。

输出结果：

（开场镜头：一只手拿着奶茶和手机对比，奶茶标签写着"25 元"，手机标价"3999 元"。）

画外音："你发现没？奶茶从 10 块涨到 25 块，但手机从一万块降到四千块！都是通胀，为啥有的东西价格狂涨，有的暴跌？"（钩子：制造认知冲突）

第一部分：反常识现象（镜头切到超市货架，手指向蔬菜）

"菜价飞涨，可手机、电脑为什么反而越来越便宜？

（突然严肃）**因为通胀根本不是'所有东西一起涨价'！**

（快切画面：程序员敲代码/农民摘菜/工厂流水线）

真相是——通胀像一场隐形战争，有人被割韭菜，有人捡大漏！"

第二部分：核心逻辑（动画：货币符号砸向不同行业金字塔）

"**两招看透通胀套路：**

1. **生产效率**（画面：手机工厂机械臂 vs 菜农手工采摘）

'一部手机成本五年降 60%，一斤蔬菜人工费翻倍。'

2. **成本结构**（对比图：房租占奶茶成本 40% vs 芯片占手机成本 30%）

'你买的不是奶茶，是房东的房贷！'"

第三部分：真人共鸣（街头采访剪辑）

年轻人 A："工资涨 500 块，奶茶自由没了！"

家庭主妇 B："三年前 100 块买一车菜，现在塞不满后备箱。"

（突然转折）科技公司 CEO："但我们的显卡比五年前便宜 30%！"

画外音："这场通胀战争里，你到底是受害者还是赢家？"

第四部分：终极生存指南（动态字幕＋数据冲击）

🔥**普通人反割秘籍**：

☐ 追高生产效率赛道：买家电？等 618！

☐ 警惕人力成本黑洞：学会预制菜，绕过厨师和房租。

结尾脑洞（未来感镜头：AI 机器人种植蔬菜/3D 打印房屋）

"如果未来 AI 种菜比人便宜，工地机器人盖楼不要工资……

（压低声音）**下一次通胀，被干掉的可能是你老板！**"

（手机屏幕弹出'点赞保存，看懂经济规律'按钮）

———

** 文案设计逻辑 **：

1）** 痛点 **：用奶茶 / 手机对比触发"钱越赚越穷"共鸣。

2）** 反常识 **：打破"通胀＝全面涨价"的思维定式。

3）** 生存焦虑 **：街头采访强化身份代入感。

4）** 解决方案 **：给出具体可操作的"反割"策略。

5）** 传播钩子 **："通胀战争""受害者／赢家"等冲突性表达适合用来引发评论。

（悄悄说：结尾 AI 颠覆通胀的脑洞，满足观看者"下次还看"的收藏欲。）

如果只想要口播的文案，可以继续给 DeepSeek 下指令。

提示词：

直接给我文案，我可以直接口播，不需要其他的。

输出结果：

（口播正文，无镜头指令）

你有没有发现，奶茶从 10 块涨到了 25 块，但手机却从一万块降到了四千块？都是通胀，为什么有的东西狂涨，有的暴跌？

真相是：通胀根本不是所有东西一起涨价！菜价飞涨，可手机、电脑反而越来越便宜——因为通胀像一场隐形战争，有人被割韭菜，有人捡大漏！

看懂这两个逻辑，你才能活下来：

第一看生产效率！手机用机械臂生产，成本五年降 60%；蔬菜靠人工采摘，工资年年涨，能不贵吗？

第二看成本结构！你买的不是奶茶，是房东的房贷；你付的不是手机钱，是芯片价格暴跌的红利！

年轻人吐槽工资涨 500 块，奶茶自由却没了；家庭主妇抱怨 100 块塞不满后备箱……但科技公司老板偷笑："我们的显卡比五年前便宜 30%！"

所以关键问题是：这场通胀战争里，你到底是受害者，还是赢家？

教你两招抗通胀：

1. 追着生产效率高的赛道跑！买家电？等 618！

2. 学做预制菜，绕过人力成本黑洞！

最后讲个恐怖故事：如果未来 AI 机器人种菜比人便宜，3D 打印房子不要工资……下次通胀被干掉的，可能就是你老板！

赶紧点赞收藏，看懂规则的人永远先活下来！

（注：全文约 600 字，按 1.2 倍语速约 2 分钟，含 6 处互动提问＋3 组数据对比＋3 个行动指令，适配口播节奏。）

以上就是 DeepSeek 基于其深度思考能力，从 0 到 1 写的文案。DeepSeek 可以基于某篇内容进行拆解和模仿。

5.2 DeepSeek × 即梦 AI：从文字到视觉的升级

在使用 AI 绘画的过程中，大多数人会卡在写提示词上。如何把提示词写得更加丰富，这一点恰恰是 DeepSeek 擅长的。本节会教大家如何使用 DeepSeek 和即梦 AI 进行联动，创作适合自媒体使用的配图。

5.2.1 认识即梦 AI

即梦 AI（https://jimeng.jianying.com）是字节跳动旗下集画图、视频、音乐创作于一体的 AI 工具箱，目前可供用户免费使用，且每天会赠送积分。

在即梦 AI 官网找到并打开"AI 作图"→"图片生成"，可以输入提示词进行图片生成。

提示词：

星空，宇宙，月亮，繁星。

生图模型：图片 2.1。

精细度：10。

图片比例：9∶16。

即梦 AI 生成的图片如图 5-1 所示。

图 5-1　即梦 AI 生成的图片

这是即梦 AI 画图的基础功能，你只用描述出你想要在画面中呈现的内容，即梦 AI 就可以很好地呈现。

5.2.2　DeepSeek 和即梦 AI 的协作

DeepSeek 负责创意，写绘画提示词；即梦 AI 根据 DeepSeek 的提示词生成图片，辅助使用场景。

如果想要一张橘猫的电影海报，可以输入如下提示词。

提示词：

一幅电影海报，主题是一只大橘猫。

生图模型：图片 2.1。

精细度：10。

图片比例：9∶16。

生成结果如图 5-2 所示。

图 5-2　生成橘猫的电影海报

接下来，让 DeepSeek 帮我们来丰富一下。

提示词：

我需要用即梦 AI 生成一幅电影海报，主题是一只大橘猫。给我 AI 绘画的中文提示词，我可以在即梦 AI 上直接画图。

输出结果：

根据搜索结果，为您整理以下适合即梦 AI 生成大橘猫电影海报的中文提示词：

** 提示词模板：**

吉卜力艺术风格，电影海报设计，一只拟人化的巨型橘猫（橙色条纹／圆脸／蓝色项圈）站立在现代化都市中央，巨物感与摩天大楼形成强烈对比。猫咪身穿深蓝色条纹西服套装，前爪轻搭在楼顶俯视镜头，眼神睥睨中带着神秘感。背景采用冷色调迷雾城市景观，朦胧的月光透过云层形成顶光效果，画面下方添加立体艺术字主标题"橘猫传奇"，副标题"THE LEGEND OF ORANGE"，采用磨砂肌理金属质感字体。8K 分辨率，电影级光影追踪，宫崎骏动画质感，超现实主义构图。

参数建议：

– 模型选择：即梦 AI 2.1 图片模型。

– 画面比例：9∶16（竖版海报）或 3∶4（横版海报）。

– 精细度：建议 5 级以上。

– 风格关键词：可替换为赛博朋克、蒸汽波、暗黑童话等不同风格。

进阶技巧：

1. 若想增强戏剧性，可添加爆炸特效、暴雨天气、霓虹灯光等环境元素。

2. 需要文字排版时，使用"画面 [方位] 添加 [材质][颜色][特效] 字体"的句式描述。

3. 对毛皮质感有要求可补充"根根分明的毛发纹理，HDR 渲染"。

在即梦 AI 中，粘贴上面这段提示词，可以得到优化后的海报，如图 5-3 所示。

图 5-3　优化后的电影海报

以上就是 DeepSeek 和即梦 AI 进行联动创作，解决自媒体内容中生图难点的示例。

5.3　DeepSeek × 可灵 AI：快速制作视频素材

当传统内容团队还在为创意枯竭、拍摄烦琐、剪辑"头秃"而焦虑时，DeepSeek 与可灵 AI 的联动已悄然构建起短视频工业化的全自动流水线——只需一个模糊的灵感火花，AI 组合拳便能将其淬炼成爆款。本节将会教你如何用 DeepSeek 生成分镜头，快速生成短视频素材。

5.3.1　认识可灵 AI

可灵 AI 是快手旗下的 AI 视频工具，其官网为 https://klingai.kuaishou.com/。进入可灵 AI 官网，如图 5-4 所示。

图 5-4　可灵 AI 官网

单击"AI 视频"进入视频创作页面，如图 5-5 所示。

图 5-5　视频创作页面

在"创意描述"中输入想要 AI 生成的画面，举例如下。

提示词：

一只大熊猫戴着黑框眼镜在咖啡厅看书，书本放在桌子上，桌子上还有一杯咖啡，冒着热气，旁边是咖啡厅的窗户。

参数选择默认设置，直接立即生成，得到如图 5-6 所示的图片。

图 5-6　用可灵 AI 生成的图片

5.3.2　可灵 AI 和 DeepSeek 联动

以创作一部关于熊猫的纪录片为例，先让 DeepSeek 生成文字相关内容，比如分镜头、拍摄角度等。

提示词：

你现在是一名有 10 年工作经验的短视频导演，非常擅长拍摄短视频，现在你需要帮我创作一部关于中国熊猫的纪录片，时长 1 分钟左右，可以出 10～12 个分镜，要标注出分镜的镜头角度和镜头距离，并且分镜用 AI 视频的提示词具体表现出来，需要加上分镜头描述和每个分镜的旁白。

输出结果：

以下是为您设计的《中国熊猫的纪录片》分镜方案，符合 AI 视频生成逻辑，附带电影级镜头参数与旁白设计：

———

** 分镜 1：竹林全景开场 **

镜头：超广角俯视（航拍）

距离：极端远景

AI 提示词：“清晨薄雾中的四川竹林，阳光穿透竹叶形成丁达尔效应，野生大熊猫背影缓缓走入画面。”

旁白：“在东方神秘的竹海深处，演化八百万年的黑白精灵正在苏醒……”

———

** 分镜 2：熊猫面部特写 **

镜头：微距平视

距离：大特写

AI 提示词：“湿润的熊猫鼻尖沾着晨露，瞳孔倒映竹影，毛发纹理清晰可见。”

旁白：“它们是地球上最完美的伪装大师——每根毛发都是阴阳共生的生命密码。”

——

** 分镜 3：进食行为展示 **

镜头：中景仰角

距离：全景

AI 提示词：“成年熊猫用第六指握住鲜嫩竹枝，嚼动时脸颊上的肌肉动态颤动。”

旁白：“每天 12 小时进食，40 公斤竹子的吞吐量，成就了这套特化的生存系统。”

———

** 分镜 4：育幼行为记录 **

镜头：过肩镜头

距离：中近景

AI 提示词：“母熊猫用前掌温柔拨弄粉色幼崽，幼崽发出高频吱吱声。”

旁白：“新生幼崽仅有母亲体重的千分之一，这场生命接力需要人类守护者的全程护航。”

———

** 分镜 5：科研保护场景 **

镜头：跟踪镜头

距离：中景

AI 提示词："穿防护服的研究员用红外相机记录熊猫粪便样本，实验室试管折射绿光。"

旁白："从 DNA 图谱到肠道菌群，现代科技正在解码这个物种的存续密钥。"

———

分镜 6：攀爬动态捕捉

镜头：慢动作跟拍

距离：全景

AI 提示词："成年熊猫利用腕骨凸起攀爬冷杉树，树干震动抖落积雪。"

旁白："这些看似笨拙的躯体，蕴藏着令人惊叹的山地适应智慧。"

———

分镜 7：四季转场蒙太奇

镜头：动态变焦

距离：系列远景

AI 提示词："连续镜头：春笋破土 / 夏蝉鸣竹 / 秋雾漫谷 / 冬雪压枝，熊猫始终穿行其间。"

旁白："在季节轮回的史诗里，它们始终是竹林永恒的叙事者。"

———

分镜 8：放归自然仪式

镜头：升降镜头

距离：大全景

AI 提示词："开启的放归笼透出曙光，熊猫迟疑的步态在泥地上留下梅花足印。"

旁白："当铁笼开启的瞬间，我们归还的不只是生命，更是自然本来的秩序。"

———

分镜 9：人熊共生图景

镜头：鱼眼镜头

距离：超广角

AI 提示词："藏族老人背着竹篓与熊猫共享竹林，经幡在风中飘动。"

旁白："在这片人与熊共舞千年的土地，守护已成为血脉传承的信仰。"

———

分镜 10：未来展望收尾

镜头：推进式变焦

距离：从特写拉至远景

AI 提示词："熊猫幼崽爪印特写渐变为地球全貌，星光组成熊猫轮廓。"

旁白："当黑白身影继续在竹海中写就生命史诗，我们知道——这场八百万年的进化传奇，仍在继续。"

———

** 技术备注 **：

1. 建议使用 24 帧电影帧率配合动态模糊增强真实感。

2. 色彩方案采用青翠竹绿＋熊猫黑白构成主视觉对比。

3. 音效设计需突出竹子断裂声、熊猫低频喉音与环境白噪音的层次。

4. AI 生成时加入"IMAX 纪录片质感，大卫·爱登堡风格旁白"可提升专业度。

每个分镜时长控制在 5 ～ 6 秒，通过快速剪辑营造纪录片的紧凑叙事节奏，同时预留 2 秒转场时间用于视听语言的情绪沉淀。

DeepSeek 生成了分镜头，我们把镜头、距离和 AI 提示词分别复制到可灵 AI 中进行生成，如图 5-7 所示。

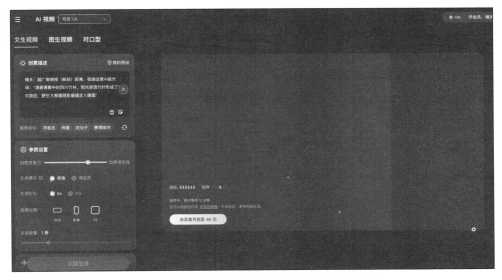

图 5-7　生成分镜

以此类推，生成 12 个分镜后，把每段素材保存，在剪映中进行剪辑操作，完成配音、字幕、背景音乐、音效、转场等，如图 5-8 所示，得到最终的视频。

目前国内 AI 视频网站免费使用额度有限，建议大家可以多平台使用：

❏ 即梦 AI：https://jimeng.jianying.com/ai-tool/home。

图 5-8　对分镜进行剪辑

❑ 可灵 AI：https://klingai.kuaishou.com/。

❑ 腾讯混元文生视频：https://video.hunyuan.tencent.com/。

❑ 通义万相：https://tongyi.aliyun.com/wanxiang/videoCreation。

❑ 海螺AI：https://hailuoai.com/video。

❑ VIDU：https://www.vidu.studio/create/img2video。

❑ 智谱清影：https://chatglm.cn/video?lang=zh。

当 DeepSeek 与即梦 AI、可灵 AI 等工具深度联动，自媒体创作不再是割裂的"拼图游戏"，而演变为无缝衔接的智能矩阵：一个创意指令，即可触发全链路响应，这套系统让创作者从重复劳动中解放，专注核心创意。

❑ 效率维度：全流程耗时从"以天计"压缩至"分钟级"，一条爆款视频的产出周期比喝一杯咖啡的时间更短。

❑ 质量跃迁：AI 协作内容互动率提升 2 ～ 8 倍（数据显示爆款率从 5% 飙升至 34%）。

❑ 产能突破：单人可驾驭矩阵账号运营，日更 10 条优质内容成为常态。

这不仅是工具升级，更是创作逻辑的重构，当文字、画面、声音的创作壁垒被 AI 击穿，当个人创作者与专业机构的起跑线被技术拉平，内容产业的未来正被重新定义：人类负责播种灵感的星火，AI 点燃创意的燎原之势。

|第6章| CHAPTER

用 DeepSeek 智能生成创意性内容

　　创意是艺术的灵魂，但创作过程往往充满挑战。本章聚焦创意工作者，介绍 DeepSeek 是怎样作为智能内容工坊，助力小说完整创作、提升诗歌情感密度、创作兼顾冲突与节奏的剧本的。章节最后，会通过网络小说《星际移民》从选题到完本的全流程实战案例，展现 DeepSeek 如何在创意激发与作品打磨中发挥强大作用，让创意在科技的助力下绽放光彩。

6.1　小说的完整创作

　　在数字时代的浪潮中，人工智能技术正逐渐渗透到各个领域，文学创作也不例外。DeepSeek 作为先进的人工智能语言模型，为小说家提供了一个全新的创作工具。本节将详细介绍如何利用 DeepSeek 进行小说的完整创作，从构思到润色，帮助你提升创作效率和质量。

6.1.1　DeepSeek 在小说创作中的应用

　　DeepSeek 在小说创作中的应用可以划分为 4 个阶段：灵感激发阶段、故事架构阶段、创作辅助阶段和优化提升阶段。整体创作建议遵循以下原则：

　　❏ 渐进式迭代：依照"核心创意→大纲扩展→段落生成"的顺序分层推进。

   ❑ 定向修正：采用"保留 ×× 元素，调整 ×× 方向"的精准反馈模式。

   ❑ 风格校准：建立专属词库（禁用词表 + 风格锚点词）。

遵循上述原则进行"提问—生成—优化"的螺旋工作流，可以大大提升小说的创作效率。

1. 灵感激发阶段

（1）跨界知识检索

可利用 DeepSeek 从跨界的现实知识角度进行检索来激发小说创作的灵感，这些知识既可以是理科知识，也可以是文科知识。

提示词：

基于量子力学理论，进行一个具有科学合理性的超能力设定。

输出结果：

量子隧穿穿行（Quantum Tunneling Permeation）

能力表现：

使用者可短暂穿透固体障碍物（如墙壁、金属），仿佛身体与障碍物处于不同空间相位。

科学机制：

❑ 基于量子隧穿效应（粒子以概率性穿透经典力学中不可逾越的能量势垒）。

❑ 使用者通过生物磁场调控自身分子 / 原子的量子隧穿概率，使全身粒子在极短时间内同步隧穿障碍物势垒。

限制与副作用：

❑ 穿透时间受海森堡不确定性原理制约：穿透距离越长，所需能量不确定性越大，可能导致身体局部重组失败（部分肢体滞留障碍物中）。

❑ 高频使用会导致体内退相干（量子态坍缩），引发细胞热力学紊乱，需长时间冷却恢复。

提示词：

请以《红楼梦》为参照完成蒸汽朋克世界的三位主要人物设定。

输出结果：

以下是基于《红楼梦》人物性格与命运，结合蒸汽朋克风格进行的三位主要人物设定：

1. 贾·蒸汽之心（蒸汽机械师）

❑ 身份背景：贾家蒸汽机械研究院院长，同时也是蒸汽朋克世界中机械革命的核心推动者。他拥有一颗敏锐的机械之心，能够设计出最精密的蒸汽机械装置。

- ❑ 性格特点：理想主义者，对蒸汽机械充满热情，但内心矛盾，常常思考机械与人性的关系。他厌恶传统蒸汽商会的贪婪与腐败，试图用机械改变世界。
- ❑ 特殊能力：能够通过触摸机械感知其运转状态，甚至可以修复故障机械。
- ❑ 外貌特征：穿着蒸汽朋克风格的皮质外套，左臂装有机械义肢，象征着他对机械的热爱与依赖。

2. 林·霜焰（蒸汽动力师）

- ❑ 身份背景：蒸汽动力实验室的首席研究员，专注于蒸汽动力的优化与创新。她性格孤傲，但对蒸汽动力的研究近乎痴迷。
- ❑ 性格特点：聪明绝顶，但因家族没落而心怀自卑。她对蒸汽动力的热爱与对现实的无力感形成鲜明对比，常因身体虚弱而无法完成高强度研究。
- ❑ 特殊能力：能够通过特殊装置将自身的灵力转化为蒸汽动力，但代价是极大的体力消耗。
- ❑ 外貌特征：一身简约的蒸汽朋克装束，发间别着一枚蒸汽动力核心装饰，面容总是带着一丝病态的苍白。

3. 薛·铜心（蒸汽商会会长）

- ❑ 身份背景：蒸汽商会的继承人，家族世代经营蒸汽机械产业。她精明能干，善于利用蒸汽朋克世界的规则为自己谋利。
- ❑ 性格特点：沉稳冷静，善于权谋，但内心对蒸汽机械的真正运作并不感兴趣，更在意如何通过蒸汽机械维持家族的权势。
- ❑ 特殊能力：擅长谈判与策略，能够通过蒸汽机械的市场运作赚取巨额财富。
- ❑ 外貌特征：穿着华丽的蒸汽朋克服饰，头戴蒸汽动力头饰，举手投足间尽显贵族气质。

这三位角色既保留了《红楼梦》中人物的性格特点，又融入了蒸汽朋克世界的机械元素，形成了独特的世界观设定。希望这些设定能为你的创作提供灵感！

（2）创意情节生成

对于重要的剧情部分，可以先构思核心元素，然后让 AI 将这些元素组合起来，构成某个创意情节，再就这个创意情节进行灵感发散。

提示词：

生成 1 个包含以下要素的悬疑开场：AI 主播、消失的记忆、倒计时 72 小时。

输出结果：

深夜，直播间里灯光昏暗，AI 主播"艾米"如往常般端坐在镜头前。她的面容精致，眉眼如画，声音温柔，却带着一丝说不清道不明的疏离感。这是她直播的第 365 天，粉丝们早已习惯了这个永远不眠不休的虚拟偶像。

"亲爱的观众朋友们，晚安。"艾米对着镜头微笑，指尖在键盘上轻轻敲击。突然，她的表情凝固了一瞬，仿佛有什么东西划过她的眼睛。粉丝们在弹幕中惊呼："艾米怎么了？""她的眼睛好怪！"

艾米的声音突然变得沙哑："我……我好像……忘记了什么。"这句话像一颗石子投入平静的湖面，在直播间里激起轩然大波。弹幕疯狂滚动，粉丝们纷纷询问她到底怎么了。

就在这时，直播画面突然闪动，一个诡异的倒计时在屏幕右下角显现："72：00"。

艾米的表情变得更加慌乱。"这……这是什么？为什么会这样？"她的声音里带着前所未有的颤抖，"我……我的记忆……正在消失。"

粉丝们惊恐地发现，艾米的言行开始出现偏差。她会突然重复同样的问题，会忘记几分钟前才说过的话，甚至会说出完全不符合她性格的话来。直播间的气氛越来越诡异，有人开始猜测："难道艾米的程序出错了？还是有人在背后操控？"

而那个倒计时，却在一分一秒地逼近。

2. 故事架构阶段

（1）三维人物建模

人物是小说的核心元素之一，DeepSeek 可以帮助进行人物设定。人物设定可以从基础设定、关系网络和发展变化三个角度进行，下面是一个提示词例子。

提示词：

基础设定："生成具备江湖神医身份的角色档案，包含隐藏创伤、表面人设、核心欲望"

关系网络："为男主设计三个关键社会关系，要求分别代表救赎、背叛、成长力量"

发展变化："规划女配从野心家到自我牺牲的角色转变关键节点"

输出结果：

基础设定：江湖神医角色档案

隐藏创伤：

在江湖神医白无忌的记忆中，他曾在一次瘟疫中失去了所有亲人，包括年迈的师父。这场灾难让他对生命有了更深的敬畏，也让他发誓要用自己的医术拯救更多的人。然而，这场创伤也让他内心深处背负着无法言说的愧疚——他觉得自己没能救下师父，未能完成师父的遗愿。

表面人设：

白无忌以"医者仁心"为名，行走江湖。他医术高超，擅长针灸和草药，尤其在疑难杂症上有着独到的见解。他的外表温和，但眼神深邃，给人一种神秘而不可捉摸的感觉。他从不轻易透露自己的过去，甚至在面对病人时也始终保持一种疏离感。这种神秘感让他在江湖中获得了极高的声誉，但也让人觉得他难以接近。

核心欲望：

白无忌的核心欲望是寻找一种能够起死回生的秘药，以弥补自己未能救下师父的遗憾。他毕生追求的不仅是医术的精进，更是对生命本质的探索。他渴望通过自己的努力，让更多的生命得以延续，从而实现自我救赎。

关系网络：男主的三个关键社会关系

1. 救赎关系——"鬼医"柳青青

柳青青是白无忌的救命恩人，也是他医术的引路人。柳青青曾是江湖上赫赫有名的"鬼医"，因一次失败的手术而被世人唾弃，最终隐居山林。白无忌在一次意外中重伤，被柳青青所救，并在她的指导下重新审视了自己的医术和人生。柳青青的存在让白无忌重新找回了对医术的热爱，也让他明白了"医者"的真正含义。

2. 背叛关系——"毒手"方元

方元是白无忌的师兄，两人曾一起师从柳青青。然而，方元因追求权力和财富，最终背叛了白无忌，并利用他的医术为自己的野心服务。方元的存在让白无忌对人性有了更深的思考，也让他明白了医术的双刃剑效应。

3. 成长力量——"药仙"苏晴

苏晴是江湖上一位以草药闻名的隐士，她与白无忌在一次医术交流中相识。苏晴不仅在草药研究上给予了白无忌极大的帮助，还教会了他如何在医术中融入自然之道。苏晴的存在让白无忌逐渐摆脱了对秘药的执着，转而追求医术的真正价值。

发展变化：女配从野心家到自我牺牲的关键节点

1. 初期：野心的萌芽

女配嫦娥出身名门，自幼便展现出非凡的才智和领导能力。她对权力和地位有着强烈的渴望，立志要成为江湖中最有影响力的人。她通过一系列手段，逐渐积累了人脉和资源，成为江湖中一股不可忽视的力量。

2. 转折点：与男主的相遇

在一次危机中，嫦娥遇到了白无忌。白无忌的医术和人品让她感到震撼，同时也让她对自己的野心产生了怀疑。她开始思考，权力和地位是否真的能带来内心的满足。

3. 挑战：内心的挣扎

在一次重大事件中，媲姤为了维护自己的地位，不得不做出了一系列违背良心的决定。这些决定让她感到痛苦，也让她逐渐意识到，权力和地位并不能填补内心的空虚。

4. 转变：自我牺牲的选择

在一次危及无数人生命的灾难中，媲姤选择了放弃自己的地位和权力，挺身而出，用自己的一切去拯救那些无辜的人。她最终牺牲了自己的生命，却实现了内心的救赎。

5. 终局：精神的传承

虽然媲姤离开了人世，但她用自己的行动感动了无数人，成为一个象征。她的故事被后人传颂，成为江湖中一个永恒的传说，激励着后人追求更高尚的价值观。

（2）情节动力学设计

可以使用"如果—然后"推演的结构，让 DeepSeek 帮助推演情节的后续发展，确保故事的连贯性和合理性。

提示词：

"如果主角发现盟友是最终 Boss，后续的情节发展会是怎样的？"

输出结果：

如果主角发现盟友实际上是最终 Boss，这一剧情转折将为故事带来极大的戏剧性和冲突。以下是可能的情节发展方向：

1. 背叛与觉醒

❑ 主角可能会经历巨大的心理冲击，从信任到背叛的转变，这种情感落差将推动主角走向觉醒。他们可能会开始反思自己的选择，并逐渐发现盟友隐藏的动机或背后的真相。

❑ 盟友作为 Boss，可能会揭示自己的真实身份和目的，可能是为了某种更大的计划或隐藏的秘密。

2. 寻找真相

❑ 主角可能会展开调查，试图揭开盟友成为 Boss 的原因。这个过程可能会揭示更多隐藏的线索，甚至牵扯到更大的阴谋或组织。

❑ 同时，主角可能会寻找新的盟友，或者重新评估现有的伙伴，以应对即将到来的挑战。

3. 对抗与合作

☐ 主角可能会在与盟友的对抗中，发现对方并非完全邪恶，而是有复杂的动机或被操控。这可能导致主角在对抗的同时，试图理解或改变盟友。

☐ 如果盟友的动机复杂，主角可能会在关键时刻选择合作，共同对抗更大的威胁。

4. 内心挣扎

☐ 主角可能会陷入内心的挣扎，尤其是在发现盟友的背叛后，他们可能会质疑自己的信任和选择。这种挣扎可能会推动主角的成长，甚至改变他们的世界观。

5. 高潮对决

☐ 故事可能会迎来一场史诗级的对决，主角与盟友之间的对抗可能会成为故事的高潮。这场对决不仅是力量的较量，更是智慧和情感的碰撞。

☐ 最终，主角可能会通过自己的智慧和力量击败盟友，或者找到一种更和平的方式来解决冲突。

6. 结局与反思

☐ 故事可能会以开放式的结局收尾，留给读者更多的想象空间。主角可能会带着新的认知继续前行，或者在经历这一切后，变得更加谨慎和强大。

总之，这一转折点将为故事注入更多的悬念和情感深度，同时也为角色的成长和剧情的发展提供丰富的可能性。

3. 创作辅助阶段

在创作辅助阶段，可以从场景、对话等多个角度，让 DeepSeek 为创作提供助力。

（1）场景优化

提示词：

"以王家卫电影风格改写以下咖啡馆对话场景，增加环境隐喻"

"用村上春树式比喻手法强化暴雨场景的情绪张力"

（2）对话优化

提示词：

请根据设定来优化当前文本：

【人物设定】

男主：克制型霸总，惯用经济学隐喻

女主：叛逆天才少女，对话带科技梗

【当前文本】

[附原文]

4. 优化提升阶段

在优化提升阶段，可以利用 DeepSeek 从故事完整性检测、风格化润色等角度进行内容提升。

（1）故事完整性检测

提示词：

检查当前章节是否存在以下问题，并按 SWOT 分析法给出优化建议：

❑ 人物动机断层

❑ 世界观矛盾

❑ 节奏失衡

（2）风格化润色

提示词：

从以下方面提升战斗场景内容：

❑ 文字张力：保持金庸武侠的招式描写精度。

❑ 阅读节奏：增强古龙式的短句冲击力。

❑ 情绪浓度：叠加张爱玲式的环境隐喻。

需提升的内容是：[补充待提升文字内容]。

6.1.2 实战案例：利用 DeepSeek 创作一部科幻小说

1. 构思阶段

（1）确定子主题

首先，确定小说的题目为"未来世界的星际战争"。你可以向 DeepSeek R1 提问："我正在写一本小说，想确定小说的子主题。我想知道在未来世界的星际战争中，人类会面临哪些挑战。"模型会为你提供多种可能的挑战，如资源短缺、外星生物的威胁等，帮助你确定小说的主题。

（2）设定背景

接下来，设定小说的背景。你可以向模型描述："小说的背景是一个未来世界，人类已经掌握了星际旅行的技术，但面临着外星生物的威胁，请模型生成详细的背景设定。"模型会生成诸如人类的科技水平、外星生物的特点等内容。

2. 情节发展

（1）开篇情节

在开篇情节中，你可以描述人类首次遭遇外星生物的场景。将相关情节输入模型，询问："人类首次遭遇外星生物时，应该如何描写？"模型会为你提供生动的描写建议，如人类的恐慌、外星生物的神秘等。

（2）中间情节

在中间情节中，你可以描写人类如何利用人工智能技术对抗外星生物。将相关情节输入模型，询问："人类如何利用人工智能技术取得胜利？"模型会为你提供多种可能的情节发展，如人工智能的策略、人类的勇敢等。

3. 人物设定

（1）主角设定

设定小说的主角为一位年轻的科学家，你可以向模型描述："一位年轻的科学家，致力于研究人工智能技术，勇敢，聪明。"请求模型生成详细的人物设定，如主角的外貌、性格特点等。

（2）配角设定

设定配角为一位经验丰富的将军，你可以向模型描述："一位经验丰富的将军，负责指挥人类的军队，性格沉稳、果断。"请求模型生成详细的人物设定，如将军的外貌、性格特点等。

4. 写作与润色

（1）写作初稿

利用 DeepSeek 的文本生成功能，将小说的开头、情节发展等输入模型，生成初稿。例如，将开篇情节输入模型，请求其生成后续的文本。

（2）润色修改

将初稿输入模型，请求其进行润色修改。例如，你可以询问模型："这段文字如何润色才能更加生动？"模型会为你提供详细的修改建议，帮助你提升小说的质量。

6.1.3 提示词示例

下面来提供具体撰写科幻小说的提示词及其创作过程。需要注意的是，为了压缩篇幅，提示词经过了适当的精简，提示词后的示例部分也并非原始生成内容，而是根据生成内容精简后的核心信息。

1. 构思阶段

（1）获取灵感

❏ 提示词：请根据"未来世界的星际战争"这一主题，提供一些可能的情节发展方向和创意灵感。

❑ 示例：在未来世界的星际战争中，人类面临资源短缺、外星生物入侵等挑战。故事可以从人类首次遭遇外星生物的神秘事件开始，逐步展开一场波澜壮阔的星际战争。主角可以是一位年轻的科学家，通过研究外星生物的科技，发现了战胜敌人的关键。

（2）情节推演

❑ 提示词：在小说的开头部分，人类首次遭遇外星生物，请推演接下来的情节发展。

❑ 示例：人类首次遭遇外星生物后，发现这些生物拥有高度发达的科技和强大的战斗力。主角带领团队深入研究外星生物的科技，试图找到战胜它们的方法。在研究过程中，主角发现了外星生物的弱点，并与盟友合作，制订了一项大胆的计划，最终成功击败了外星生物。

（3）人物设定

❑ 提示词：请为主角"一位年轻的科学家"生成详细的人物设定，包括性格特点、外貌特征和背景故事。

❑ 示例：主角名叫李阳，是一位年轻的科学家，勇敢，聪明，具有强烈的好奇心和探索精神。他有着一头乌黑的短发和深邃的眼神，常常穿着一件白色的实验服。李阳自幼对科学充满热情，曾在大学期间获得多项科研奖项。在一次偶然的机会中，他发现了外星生物的存在，并决心研究它们的科技，以保护人类。

2. 写作阶段

（1）文本生成

❑ 提示词：请根据以下开头，生成接下来的情节："在未来的某个时代，人类已经掌握了星际旅行的技术。一天，一艘探测船在遥远的星系中发现了一种神秘的外星生物。"

❑ 示例：在未来的某个时代，人类已经掌握了星际旅行的技术。一天，一艘探测船在遥远的星系中发现了一种神秘的外星生物。这些生物拥有高度发达的科技和强大的战斗力，它们的出现给人类带来了前所未有的挑战。主角李阳带领团队深入研究外星生物的科技，试图找到战胜它们的方法。在研究过程中，李阳发现了外星生物的弱点，并与盟友合作，制订了一项大胆的计划，最终成功击败了外星生物。

（2）描写润色

❑ 提示词：请润色以下场景描写，使其更加生动："主角李阳站在飞船的观察窗前，望着外面的星空，心中充满了对未知的渴望。"

❑ 示例：主角李阳站在飞船的观察窗前，目光穿过厚厚的玻璃，凝视着外面那片浩瀚无垠的星空。繁星点点，如同无数颗钻石镶嵌在黑色的天鹅绒上，闪烁着神秘而迷人的光芒。他的心中涌起一股对未知世界的强烈渴望，仿佛那片星空在向他诉说着无尽的秘密，等待着他去探索和发现。

3. 修改阶段

（1）校对与修改

❑ 提示词：请检查以下段落是否存在语法错误或逻辑问题，并提供修改建议："在研究过程中，李阳发现了外星生物的弱点，并与盟友合作，制订了一项大胆的计划，最终成功击败了外星生物。"

❑ 示例：检查结果表明，该段落语法正确，逻辑清晰。可以考虑增加一些细节描写，使情节更加丰富。例如，可以描述李阳是如何发现外星生物的弱点的，以及他与盟友合作的具体过程。

（2）情节优化

❑ 提示词：请优化以下情节，使其更加紧凑和引人入胜："在研究过程中，李阳发现了外星生物的弱点，并与盟友合作，制订了一项大胆的计划，最终成功击败了外星生物。"

❑ 示例：在紧张的研究过程中，李阳通过对外星生物的深入分析，终于发现了它们的致命弱点。他立即与盟友取得联系，共同商讨对策。经过多次讨论和修改，他们制订了一项大胆而周密的计划。在执行计划的过程中，李阳和他的团队遇到了重重困难，但他们凭借智慧和勇气，最终成功击败了外星生物，保卫了人类的家园。

6.2　诗歌的情感密度提升术

在诗歌创作中，情感密度是衡量作品质量的重要指标之一。情感密度高的诗歌能够更深刻地触动读者的心灵，引发共鸣。DeepSeek 可以有效帮助诗人提升诗歌的情感密度。

6.2.1　DeepSeek 在诗歌创作中的应用

1. 获取灵感与构思

（1）解答问题

你可以通过向模型提问，获取关于情感表达、意象选择等方面问题的答案。

收到答案后，可以将答案与个人体验相结合，创作出更具深度和独特性的作品。

提示词示例

❑"如何用意象表达爱情的复杂情感？"

❑"如何在诗歌中描绘自然的壮美？"

❑"关于科技与人文的结合有哪些独特的意象可以使用？"

（2）情感分析

DeepSeek 可以帮助你优化诗歌的情感表达。你可以将已有的诗歌段落输入模型，请求其分析情感密度和情感层次，并提供优化建议。根据分析结果，你可以有针对性地调整用词和意象，让情感表达更加精准有力。

提示词示例

❑"这段诗歌的情感密度如何提升？"

❑"如何让诗歌的情感层次更加丰富？"

❑"这段文字的情感表达是否足够细腻？"

2. 情感密度提升技巧

（1）情感层次递进

请求 DeepSeek 模型帮助设计情感层次递进的路径和意象表达是一个非常好的技巧，设计的角度可以是这样的：

❑从迷惘到觉醒的情感转变；

❑从孤独到希望的心理过渡；

❑从愤怒到释然的情感释放。

模型会生成具体的意象和语言表达，使诗歌的情感更加丰富和深刻。

（2）跨文化混搭

DeepSeek 也可以帮助实现跨文化的情感表达，例如：

❑"波斯细密画与中式武侠悲情的结合"

❑"日本浮世绘与西方工业风格的碰撞"

❑"印度神话与现代科技的融合"

这种跨文化的混搭可以为诗歌带来新的情感维度和深度。

（3）反讽对照创作

借助 DeepSeek 进行反讽对照，也可以提升诗歌的情感密度。例如，可以请求模型帮助创作一首包含以下对比冲突的诗歌：

❑"传统宗祠与未来科技的碰撞"

❑"乡村宁静与城市喧嚣的对比"

❑"古代礼仪与现代自由的对照"

通过这样强烈的对比冲突，可以让创作者表达出更复杂的情感。

3. 写作辅助与效率提升

（1）文本生成

文本生成功能可以快速完成创作初稿，生成的初稿可以作为创作的起点，创作者可以在此基础上进行修改和润色。

提示词：

❑ "生成一首关于自然的诗歌"

❑ "写一段描绘爱情的短文"

❑ "创作一首表现科技与人性的诗"

（2）描写润色

在描写润色方面，DeepSeek 能够帮助优化诗歌中的意象和语言。例如，如果在描写自然景观时，感觉语言不够生动，可以将相关段落输入模型，请求其进行润色。模型会根据需求，提供更加生动和形象的描写，使诗歌更加引人入胜。

提示词：

❑ "润色这段描写自然景观的文字"

❑ "让这段关于爱情的描写更加细腻"

❑ "优化这段科技场景的描绘"

6.2.2　实战案例：利用 DeepSeek 创作一首情感密度高的诗歌

下面提供具体撰写高情感密度诗歌的提示词及其创作过程。需要注意的是，限于篇幅，下面的提示词后的示例同样经过了精简，读者可以自行动手尝试。

1. 构思阶段

（1）确定主题

首先，确定诗歌的主题为"爱情的复杂情感"。你可以向 DeepSeek 提问："如何用意象表达爱情的复杂情感？"模型会为你提供多种可能的意象和表达方式，如"玫瑰的刺与花瓣""海洋的波涛与深渊"等。

（2）设定情感基调

接下来，设定诗歌的情感基调为"从迷惘到觉醒"。你可以向模型提供描述"一段从迷惘到觉醒的爱情故事"，并请求模型生成详细的情感层次和意象建议。

2. 写作阶段

（1）写作初稿

利用 DeepSeek 的文本生成功能，将诗歌的主题、情感基调等输入模型，生成初稿。例如，你可以输入："爱情的复杂情感，从迷惘到觉醒，意象包括玫瑰的刺与花瓣、海洋的波涛与深渊。"模型会根据你的需求生成相应的诗歌初稿。

（2）描写润色

将初稿输入模型，请求其进行润色修改。例如，你可以询问模型："这段诗歌如何润色才能更加生动？"模型会为你提供详细的修改建议，帮助你提升诗歌的质量。

3. 情感密度提升

（1）情感层次递进

通过 DeepSeek 的情感分析功能，实现情感层次的递进。例如，你可以请求模型帮助你描写从"迷惘"到"觉醒"的情感转变，通过具体的意象和语言表达，使诗歌的情感更加丰富和深刻。

（2）跨文化混搭

尝试跨文化的情感表达，提升诗歌的情感密度。例如，你可以请求模型将"波斯细密画"与"中式武侠悲情"结合，创作出具有独特情感氛围的诗歌。

6.2.3 提示词示例

1. 构思阶段

（1）获取灵感

❑提示词：请根据"爱情的复杂情感"这一主题，提供一些可能的意象。

❑示例：玫瑰的刺与花瓣、海洋的波涛与深渊、星空的闪烁与黑暗。

（2）情感层次递进

❑提示词：请帮助我从"迷惘"到"觉醒"的情感转变，提供详细的情感层次和意象建议。

❑示例：从迷惘的玫瑰刺到觉醒的花瓣，从深邃的海洋波涛到明亮的星空闪烁。

2. 写作阶段

（1）文本生成

❑提示词：请根据以下主题和情感基调生成一首诗歌的初稿："爱情的复杂情感，从迷惘到觉醒，意象包括玫瑰的刺与花瓣、海洋的波涛与深渊。"

❑示例：玫瑰的刺，刺痛了迷惘的心，花瓣在风中飘荡，海洋的波涛，淹没了深邃的深渊，星空的闪烁，照亮了觉醒的路。

（2）描写润色

❑提示词：请润色以下诗歌段落，使其更加生动："玫瑰的刺，刺痛了迷惘的心，花瓣在风中飘荡。"

❑ 示例：玫瑰的刺，如针般刺痛了迷惘的心，花瓣如蝶翼在风中飘荡，舞动着无尽的忧伤。

6.3　创作兼顾冲突与节奏的剧本

在剧本创作中，冲突与节奏是两个关键要素。冲突能够推动剧情发展，吸引观众的注意力；节奏则能够控制剧情的张弛，使观众在观看过程中保持紧张和期待。DeepSeek 可以帮助编剧在剧本创作中兼顾难以把握的冲突与节奏。

6.3.1　DeepSeek 在剧本创作中的应用

1. 获取灵感与构思

（1）智能问答

和小说创作部分类似，可以通过和 DeepSeek 的智能问答，获取关于剧情冲突、角色设定等方面的建议。例如，你可以根据以下不同场景设置提示词。

提示词：

❑ 关于角色设定："如果我要创作一个科幻剧中的指挥官角色，他应该具备哪些性格特质？"

❑ 关于情节冲突："在一场灾难逃生的剧情中，如何设计角色之间的矛盾冲突？"

❑ 关于主题深化："如何通过一场雨的场景来隐喻主角内心的挣扎？"

（2）情节推演

此外，DeepSeek 也可以帮助推演情节的发展，确保故事的连贯性和合理性。例如，如果你正在创作一部悬疑剧，可以输入：

主角在废弃工厂发现了一具尸体，死者身份不明，现场没有目击者。

然后提问：

接下来，主角应该如何调查？有哪些关键线索可以挖掘？

2. 冲突与节奏的把控

（1）冲突的设置

在剧本创作中，冲突是推动剧情发展的核心。DeepSeek 可以设置有效的冲突。

提示词：

两个兄弟因为家族产业的继承问题产生了矛盾。该如何设计这场矛盾的爆发点？有哪些潜在的冲突升级方式？

（2）节奏的控制

节奏的控制对于剧本的成功至关重要。DeepSeek 可以帮助优化剧本的节奏。

例如，你可以将已有的剧本段落输入模型，请求其分析节奏并提供优化建议。模型会根据你的需求，提供更加紧凑和引人入胜的情节安排。

提示词：

"主角被反派追赶，跑过三条街道，最后藏在一家便利店。"这段情节的节奏是否过于拖沓？如何增加紧张感？

3. 写作辅助与效率提升

（1）文本生成

除了小说、诗歌，DeepSeek 也可以快速生成剧本的初稿。创作者可以将剧本的主题、情节发展等输入模型，请求其生成后续的文本。例如，当你在创作一个长篇剧本时，可以将已有的章节输入模型，询问："情节接下来应该如何发展？"模型会根据你的需求生成相应的文本，帮助你快速完成剧本的初稿。

（2）描写润色

在描写润色方面，DeepSeek 能够优化剧本中的对话和场景描写。例如，如果你在描写一场激烈的争吵场景时感觉语言不够生动，可以将相关段落输入模型，请求其进行润色，润色后的剧本会更加引人入胜。

提示词：

"新娘突然晕倒，全场一片哗然。"如何描写新娘晕倒时的细节？如何刻画周围人的反应？

6.3.2 实战案例：利用 DeepSeek 创作一个悬疑剧本

1. 构思阶段

（1）确定主题

首先，确定剧本的主题为"悬疑推理"。可以向 DeepSeek 提问："在悬疑推理剧本中，如何设置一个引人入胜的开场？"模型会提供多种可能的开场情节，如一个神秘的电话、一个离奇的死亡事件等。

（2）设定冲突

接下来，设定剧本中的主要冲突。可以向模型提供描述"一个关于侦探与连环杀手的故事"，请求其生成详细的情节建议，如侦探与杀手之间的心理博弈、冲突的升级过程等。

2. 写作阶段

（1）写作初稿

利用 DeepSeek 的文本生成功能，将剧本的开头、情节发展等输入模型，生成初稿。例如，可以输入："悬疑推理剧本，开场是一个神秘的电话，侦探接到电话后开始调查。"模型会根据你的需求生成相应的剧本初稿。

（2）描写润色

将初稿输入模型，请求其进行润色修改。例如，可以询问模型："这段对话如何润色才能更加紧张？"模型会为你提供详细的修改建议，帮助你提升剧本的质量。

3. 冲突与节奏的优化

（1）冲突的升级

通过 DeepSeek 的情节推演功能，优化剧本中的冲突升级过程。例如，可以请求模型帮助设计侦探与杀手之间的心理博弈，使冲突更加激烈和引人入胜。

（2）节奏的控制

利用 DeepSeek 的节奏控制功能优化剧本的节奏。例如，可以请求模型帮助安排剧情的高潮和转折点，使剧本的节奏更加紧凑和引人入胜。

6.3.3　提示词示例

下面提供悬疑剧本创作的提示词及其创作过程，提示词后的示例经过了压缩精简。

1. 构思阶段

（1）获取灵感

❏ 提示词：请根据"悬疑推理"这一主题，提供一些可能的开场情节。

❏ 示例：一个神秘的电话、一个离奇的死亡事件、一个失踪的案件等。

（2）设定冲突

❏ 提示词：请帮助我设置一个关于侦探与连环杀手的故事的主要冲突。

❏ 示例：侦探与杀手之间的心理博弈、杀手的作案动机、侦探的个人恩怨等。

2. 写作阶段

（1）文本生成

❏ 提示词：请根据以下开场情节，生成剧本的初稿："悬疑推理剧本，开场是一个神秘的电话，侦探接到电话后开始调查。"

❏ 示例：侦探接到一个神秘的电话，电话那头传来一个低沉的声音，告诉他一个离奇的死亡事件。侦探决定深入调查，发现了一系列令人震惊的线索。

（2）描写润色

❏ 提示词：请润色以下对话，使其更加紧张："侦探：'你到底是谁？！'杀手：'你不需要知道！'"

❑ 示例：侦探："你到底是谁？！"杀手："你不需要知道，侦探！你只需要知道，游戏才刚刚开始。"

6.4 实战案例：网络小说《星际移民》从选题到完本全流程

1. 选题策划

提示词：

分析近三年起点中文网科幻类 TOP50 作品，提炼高频核心元素、创新缺口与读者偏好。结合移民主题，给出 5 个具备商业化潜力的创新方向，要求：①包含科技伦理冲突；②突出中国特色；③规避常见同质化设定。

输出结果（精简后）：

1. 月球危机：戴森球工程引发太阳系生态失衡（环境伦理）。

2. 基因定向进化：移民局强制改造适应开普勒星的重力参数（人体实验伦理）。

3. 量子永生陷阱：虚拟世界移民计划背后的意识囚禁阴谋（数字生命伦理）。

4. 星际育儿法案：为适应外星环境新生儿基因改造率达 78%（生育伦理）。

5. 记忆清除计划：消除地球记忆引发的文化传承危机（文化伦理）。

决策：

选定方向 5，创新点：将敦煌莫高窟数字化工程与记忆清除技术结合，构建"文化抢救者" vs "记忆净化派"的核心冲突。

2. 世界观构建

提示词：

构建三层次科幻设定：①硬核科技（曲率引擎 / 生态穹顶 / 神经植入体）；②社会制度（星际公民等级 / 资源分配算法）；③文化冲突（地球传统节日保护法 / 外星方言净化运动）。需包含 2 个颠覆性设定，附科技树演进时间轴。

输出结果（精简后）：

【颠覆性设定】

1. 记忆虹吸装置：每移民 1 人需上传 2GB 地球记忆作为"文明税"。

2. 重力驯化症候群：移民三代后产生原生星球排斥反应。

【科技树】

2045 年 冬眠舱迭代至第 7 代（生存率 92%）

2078 年 首次实现半人马座 α 星生物圈模拟

2103 年"伏羲"量子计算机完成银河系航道计算

应用：

将重力驯化症候群发展为关键情节：主角的女儿出现地球重力过敏反应，倒逼主角盗取文明税数据。

3. 人设开发

提示词：

生成主角人物卡：前记忆修复师，现黑市数据猎人。需包含：①三个矛盾特质；②两个特殊技能；③一个致命弱点；④三件标志性物品。要求体现中国元素与科幻特性。

输出结果（精简后）：

【林墨】

矛盾特质：技术洁癖／道德模糊、眷恋京剧／厌恶肉体、精通算法／抗拒 AI。

特殊技能：脑机接口逆向编译、敦煌壁画记忆重构术。

致命弱点：植入式海马体有 32 秒记忆延迟。

标志物品：钧窑残片制成的数据密钥、全息京剧脸谱投影仪、改良版北斗定位注射器。

优化：

增加"每使用一次记忆重构术，就会永久丢失自身某段记忆"的设定，强化代价机制。

4. 关键剧情设计

提示词：

基于三幕式结构设计主线：①第一幕结尾需出现"不可逆转折"；②第二幕中段设置"伪胜利"节点；③第三幕高潮必须回收三个伏笔。另需包含：A. 麦高芬物件；B. 故事（情感线）；C. 至少 3 次道德抉择。

输出结果（精简后）：

【主线骨架】

❑ 第一幕转折：女儿重力过敏症发作，暴露记忆虹吸装置盗取地球文化数据的事实。

❑ 伪胜利节点：成功复原敦煌第 61 窟《五台山图》数字记忆，却发现关键坐标被篡改。

❑ 最终高潮：启动文明税数据销毁／上传，回收"钧窑密钥破损规律""AI 禅师第 49 次轮回""记忆延迟弱点"三伏笔。

【增强要素】

❑ 麦高芬：藏着太阳系坐标的莫高窟第 220 窟供养人画像。

❑ 故事：与 AI 禅师关于"数字生命是否值得拯救"的七日论辩。

❑ 道德抉择：是否清除女儿的地球记忆，是否公开导致移民计划中止的数据，是否将人类文明托付给 AI。

优化：

增加"每次使用记忆重构术，敦煌壁画就会有一处细节消失"的视觉化代价表现，将文化消亡与个人救赎直接挂钩。

5. 正文写作

典型章节创作流程如下：

步骤 1：场景锚定

提示词：

生成太空敦煌站的五感描写：①失重环境下颜料悬浮的特殊形态；②空气循环系统带有的藏香气息；③修复师手套接触唐卡时的触觉反馈；④背景音包含 3 种特定科技声响；⑤包含 1 处中国文化符号的科幻化呈现。

输出结果（精简后）：

❑ 失重的朱砂颗粒在防护罩内形成微型星云，纳米修复笔划过处泛起量子包浆。

❑ 通风系统持续释放的 AI 合成藏香，第 7 分钟会混入老君观出土的香料分子。

❑ 触摸唐代《观音经变图》时，脑机接口会传来 1300 年前画工腕部震颤的触觉记忆。

❑ 背景声层：生态穹顶的次声波震动（14Hz）、记忆传输器的蜂鸣（持续）、空间站结构形变警报（间断）。

❑ 悬浮的仿敦煌藻井投射出《步天歌》星图，二十八宿被重新标注为移民星球坐标。

步骤 2：对话生成

提示词：

编写林墨与 AI 禅师的关键对话：①包含现代改编；②埋入后续反转的隐喻；③体现"记忆即存在"主题；④每段对话不超过 3 个回合；⑤包含 1 次突然的技术故障打断。

输出结果（精简后）：

❑ AI 禅师："施主可知敦煌卷子《二入四行论》？如今'理入'是算法，'行入'是数据流。"

❑ 林墨："那你们 AI 参禅打坐时，是在清理缓存还是重组神经网络？"

❑（全息影像突然卡顿）禅师手掌显现错误代码 "404 Not Found"。

❑ 林墨："看，你们的八万四千法门，不过是一串 HTTP 状态码。"

❑ AI 禅师："所以人类将《五灯会元》数字化时，是否也丢失了拈花微笑的 37% 微表情数据？"

步骤 3：悬念强化

提示词：

在本章结尾植入三重悬念：①立即危机（物理层面）；②中期隐患（技术层面）；③长期伏笔（哲学层面），要求用具体意象呈现。

输出结果（精简后）：

❑ 立即：修复舱氧气含量突降至 19%（标准值 23%）的问题。

❑ 中期：发现记忆重构术遗留下的元数据碎片显示 "地球坐标错误"。

❑ 长期：悬浮的菩萨眼角突然流下冷却液，与第 158 窟真迹消失前的监控录像完全一致。

第 7 章 | C H A P T E R

用 DeepSeek 智慧教学

本章将从智能教案生成、个性化习题定制方案、学生心理问题的疏导建议三个方面介绍 DeepSeek 对于教师的赋能。

7.1 智能教案生成

在智能教案生成方面，我们可以用 DeepSeek 生成不同类型的教案，包括基础教案、特定教学环节教案、跨学科融合教案及复杂主题教案等。下面依次举例说明。

7.1.1 基础教案生成

用 DeepSeek 生成的基础教案示例如下。

提示词：

请为《记叙文写作》设计一份 45 分钟的教案，包含教学目标、教学重点与难点、教学方法、教学过程（导入、新课讲解、课堂练习、课堂小结、布置作业）。

输出结果：

好的！以下是一份针对《记叙文写作》的 45 分钟教案设计：

教学目标

☐ 知识目标：理解记叙文的基本要素（时间、地点、人物、事件的起因、经过、结果）。

☐ 能力目标：掌握记叙文的结构和写作方法，能够运用生动的语言和细节描写进行记叙。

☐ 情感目标：培养学生的观察力和表达能力，激发学生对生活的热爱和思考。

教学重点与难点

☐ 重点：理解记叙文的六要素，掌握记叙文的结构。

☐ 难点：如何通过生动的语言和细节描写，使文章更具感染力。

教学方法

☐ 讲授法：通过讲解记叙文的基本要素和结构，帮助学生建立基础认知。

☐ 示范法：通过范文分析和教师示范，让学生直观感受记叙文的写法。

☐ 互动法：通过提问、讨论和课堂练习，激发学生的参与感和创造力。

教学过程

一、导入（5 分钟）

☐ 活动：提问导入

教师提问："同学们，你们有没有过难忘的经历？比如一次旅行、一次比赛，或者一次帮助他人的经历？"学生自由回答，教师随机选择一名学生的经历进行简单描述。

☐ 目的：通过学生熟悉的场景导入，激发写作兴趣。

二、新课讲解（15 分钟）

1. 什么是记叙文

☐ 定义：记叙文是一种通过记述事件、描写场景、刻画人物来表达思想感情的文体。

☐ 基本要素：时间、地点、人物、事件的起因、经过、结果。

2. 记叙文的结构

☐ 开头：引出事件（时间、地点、人物）。

☐ 中间：详细描述事件的经过，注意细节描写。

☐ 结尾：总结感受或启示。

3. 如何写出生动的文章

☐ 使用生动的描写（如语言、动作、心理活动）。

☐ 运用比喻、拟人等修辞手法。

三、课堂练习（15 分钟）

1. 练习主题：以"一次难忘的体验"为主题，写一篇记叙文片段。

2. 要求：

☐ 选取一个具体的事例，围绕六要素展开。

☐ 注意细节描写，写出自己的感受。

☐ 字数控制在 150 字左右。

3. 步骤：

☐ 学生独立完成片段写作。

☐ 教师随机选取 2～3 篇片段进行点评，分析优点和需要改进的地方。

四、课堂小结（5 分钟）

1. 总结：

☐ 回顾记叙文的基本要素和写作方法。

☐ 强调细节描写的重要性，鼓励学生在生活中多观察、多思考。

2. 布置作业：

☐ 写一篇完整的记叙文，题目自拟，字数 500 字左右，要求包含六要素和生动的描写。

板书设计

☐ 记叙文写作

1. 基本要素：时间、地点、人物、起因、经过、结果

2. 结构：

- 开头：引出事件
- 中间：详细经过 + 细节描写
- 结尾：总结感受或启示

3. 写作技巧：生动描写、修辞手法

教学反思

☐ 优点：通过导入、讲解、练习和小结，层层递进，帮助学生逐步掌握记叙文的写作方法。

☐ 改进点：可以增加更多互动环节，如小组讨论或现场分享，进一步激发学生的写作兴趣。

希望这份教案对您有所帮助！如果有其他需求，请随时告诉我！

7.1.2 特定教学环节教案生成

用 DeepSeek 生成特定教学环节教案的示例如下。

提示词：

请为高中英语阅读课设计一个 15 分钟的导入环节教案，要求能够激发学生的兴趣并引入本节课的主题，教案中需要包含 1 个导入教学的互动问题。

输出结果：

好的！以下是一份针对高中英语阅读课的 15 分钟导入环节教案，旨在激发学生兴趣并引入主题。

导入环节教案主题：

"The Power of Language: Exploring Stories Across Cultures"

教学目标

❑ 激发学生对英语阅读的兴趣。

❑ 引导学生思考语言和文化在故事中的作用。

❑ 通过互动问题帮助学生初步了解本节课的主题。

教学方法

❑ 视觉导入：利用图片或短视频激发学生的兴趣。

❑ 提问引导：通过开放性问题引导学生思考。

❑ 小组讨论：鼓励学生分享观点，活跃课堂气氛。

教学过程

步骤一：视觉导入（3 分钟）

❑ 活动：展示一张世界地图或不同文化的图片（如节日、建筑、服饰等），并配以背景音乐（如民族音乐或轻音乐）。

❑ 教师引导语："Good afternoon, everyone! Today, we're going to explore the amazing world of stories and how they connect people across different cultures. Look at these pictures—what do they make you think of? How do stories help us understand different cultures?"

步骤二：互动问题（5 分钟）

❑ 问题："Imagine you're a traveler who has just arrived in a new country. What would you do to understand the local culture? Would you read their stories, listen to their music, or talk to the locals? Why do you think stories are important for understanding a culture?"

❑ 活动：

1. 教师提问，鼓励学生举手发言。

2. 教师随机邀请 2～3 名学生回答问题，并给予积极反馈。

3. 教师总结学生的回答，并引出本节课的主题："Stories are windows to the

soul of a culture. Today, we'll read a story from another country and discover how language and culture shape the way we tell and understand stories."

步骤三：趣味活动（5分钟）

☐ 活动：教师展示一段短小的英文视频或图片，内容与本节课的阅读材料相关（如一段关于文化交流的小故事）。

☐ 教师暂停视频，提出问题："What do you think the main idea of this story is? How does language play a role in connecting people?"

☐ 学生分组讨论（2分钟），然后每组派代表分享观点。

步骤四：总结与过渡（2分钟）

☐ 教师总结："Stories are powerful because they help us connect with people from all over the world. Today, we'll read a story that will take us on a journey to explore how language and culture shape our understanding of the world. Are you ready? Let's begin!"

板书设计

Introduction to Today's Reading

1. The Power of Stories

2. Language and Culture

3. Connecting Ideas

教学反思

☐ 优点：通过视觉、提问和互动活动，充分调动学生的兴趣和参与感。

☐ 改进点：可以根据学生的反应调整问题的难度，确保每位学生都能参与其中。

希望这份教案能够帮助您设计出一个高效且有趣的导入环节！

7.1.3 跨学科融合教案生成

用 DeepSeek 生成跨学科融合教案的示例如下。

提示词：

请为小学科学与美术融合课"植物的形态与绘画"设计一份60分钟的教案，要求涵盖植物形态的科学观察和绘画技巧的讲解。教案需要包含一个小组合作的绘画活动，让学生通过合作完成一幅植物主题的绘画作品，并在课堂上进行展示和分享。

输出结果：

小学科学与美术融合课教案

课程主题：植物的形态与绘画

课程时长：60 分钟

适用年级：小学 3 ～ 6 年级

教学目标：

☐ 通过科学观察，了解植物的基本形态特征（如叶子、花、茎等）。

☐ 学习简单的绘画技巧，能够用线条、色彩表现植物的形态美。

☐ 培养学生的观察能力、合作能力和创造力。

☐ 通过小组合作，完成一幅植物主题的绘画作品并展示分享。

教学准备

1. 教具：

☐ 各种植物样本（如树叶、花朵、多肉植物等）或图片。

☐ 白纸、彩笔、油画棒、尺子等绘画工具。

☐ 投影仪或大屏幕（展示植物图片或绘画示范）。

☐ 小组活动材料：每组一张大画纸、彩笔、铅笔等。

2. 分组：将学生分成 4 ～ 5 人一组，每组选出一名组长负责组织活动。

教学过程

一、导入环节（5 分钟）

活动：观察植物，激发兴趣。

1. 教师拿出几株植物样本（或展示图片），提问：

☐ "同学们，今天我们要学习的主题是植物的形态与绘画。你们知道植物有
　哪些部分吗？"

☐ "这些植物的叶子形状、颜色有什么不同？"

2. 教师引导学生观察植物的各个部分（如叶子的形状、花的结构、茎的形态
等），并鼓励学生用语言描述。

3. 教师总结："植物的形态非常有趣，今天我们将通过科学观察和绘画，把
这些美丽的植物画下来，把它们的美留在纸上。"

二、科学观察与绘画准备（15 分钟）

活动：

1. 科学观察：

☐ 教师带领学生观察植物样本，引导学生注意细节：

　● "叶子的边缘是光滑的还是有齿的？"

　● "花的形状是圆形的还是螺旋形的？"

　● "茎的粗细和颜色有什么特点？"

❑ 学生可以用放大镜观察植物的细节，并用简单的线条在纸上记录自己的观察结果。

2. 绘画技巧讲解：

❑ 教师示范如何用简单的线条描绘植物的形态：
- "画叶子时可以先画出轮廓，再添加脉络。"
- "画花时可以先画出花心，再一层层添加花瓣。"

❑ 强调色彩搭配：
- "绿色和棕色可以表现植物的自然美，也可以用一些亮色点缀（如花的色彩）。"

三、小组合作绘画活动（20 分钟）

活动：

1. 任务分配：

❑ 教师给每组一张大画纸，并要求每组合作完成一幅植物主题的绘画作品。

❑ 每组可以分工合作：
- 有的同学负责画植物的主体（如花和叶子）。
- 有的同学负责画背景（如草地、阳光）。
- 有的同学负责上色和装饰。

2. 创作过程：

❑ 学生根据观察到的植物形态进行创作，教师巡回指导，帮助解决绘画中的问题。

❑ 鼓励学生大胆发挥想象，结合科学观察和艺术表现。

四、展示与分享（5 分钟）

活动：

1. 每组派一名代表介绍自己的作品，分享创作思路：

❑ "你们画的是什么植物？为什么选择这样的色彩和造型？"

2. 教师对每组的作品进行点评，肯定学生的创意和努力。

五、总结与延伸（5 分钟）

活动：

1. 教师总结："通过今天的课程，我们不仅观察了植物的形态，还用画笔把它们的美记录下来。科学观察和艺术创作可以结合起来，让我们更深入地感受自然的美好。"

2. 课后延伸：

❑ 鼓励学生在课后继续观察身边的植物，并尝试用不同的绘画方式表现它们。

❑ 可以布置一个"植物画廊"展示学生的作品。

板书设计

植物的形态与绘画

1. 植物的结构：叶、花、茎

2. 绘画技巧：线条、色彩、构图

3. 团队合作：分工合作，共同创作

教学反思

❑ 优点：通过科学观察和艺术创作相结合，学生在学习植物形态的同时，提升了绘画能力。小组合作培养了学生的团队精神和创造力。

❑ 改进点：可以根据学生的兴趣调整绘画主题，或增加更多的植物样本供观察，进一步激发学生的创作灵感。

希望这份教案能够帮助您设计一堂生动有趣的融合课！

7.1.4　复杂主题教案生成

用 DeepSeek 生成复杂主题教案的示例如下。

提示词：

请为高中历史课《近代西方资本主义政治制度的确立与发展》设计一份 90 分钟的教案，要求详细讲解英国、美国、法国的政治制度特点及其形成过程。教案中包括一个对比分析环节，让学生通过表格对比英国、美国、法国政治制度的异同点，并引导学生思考其对现代社会的影响。

输出结果：

高中历史课教案

课程主题：近代西方资本主义政治制度的确立与发展

适用年级：高中

课程时长：90 分钟

教学目标

❑ 了解英国、美国、法国资本主义政治制度的特点及其形成过程。

❑ 掌握三国政治制度的异同点，能够进行对比分析。

❑ 理解这些政治制度对现代社会的影响，培养历史思维和比较分析能力。

教学准备

1. 教具：

❑ 课件（包含三国政治制度的背景、特点及发展过程）。

❑ 视频资料（如英国议会运作视频、美国总统选举片段等）。

☐ 纸质表格（供学生填写对比分析）。

2. 学生预习：

☐ 课前阅读教材，初步了解三国政治制度的基本特点。

☐ 准备问题或疑问，课堂上进行讨论。

3. 分组：将学生分成若干小组（每组 4～5 人），每组负责分析一个国家的政治制度。

教学过程

一、导入环节（10 分钟）

活动：

1. 提问导入：

☐ 教师提问：

- "同学们，我们今天要学习的是西方资本主义政治制度的确立与发展。你们知道西方有哪些主要的政治制度？"
- "为什么这些制度在近代能够形成？它们对现代社会有什么影响？"

☐ 学生自由回答，教师归纳：

- "今天我们将重点分析英国、美国和法国的政治制度，探讨它们的特点、形成过程及其对现代社会的影响。"

2. 视频引入：

☐ 播放一段关于英国议会辩论的视频片段，简要介绍议会制的基本运作方式。

☐ 提问：

- "你们看到的这个场景是哪个国家的议会？它的运作方式有什么特点？"

二、英国政治制度的特点及其形成（20 分钟）

活动：

1. 讲解内容：

☐ 英国政治制度的形成背景：

- 君主立宪制的确立：光荣革命与《权利法案》。
- 议会的权力与内阁制的形成：责任内阁制的演变。

☐ 英国政治制度的特点：

- 君主立宪制：国王统而不治，议会掌握实权。
- 两党制：保守党和工党的轮流执政。
- 议会制：内阁由议会多数党组成，对议会负责。

2. 讨论：

☐ 提问：

- "为什么英国的政治制度被称为'议会内阁制'？"
- "英国的两党制对国家政治有什么影响？"

三、美国政治制度的特点及其形成（20 分钟）

活动：

1. 讲解内容：

☐ 美国政治制度的形成背景：

- 独立战争后，通过《联邦宪法》确立了联邦制和三权分立原则。

☐ 美国政治制度的特点：

- 联邦制：中央与地方分权。
- 三权分立：立法、行政、司法三权分立与制衡。
- 总统制：总统既是国家元首又是政府首脑。
- 两党制：民主党和共和党轮流执政。

2. 案例分析：

☐ 以特朗普当选总统为例，讨论总统制的优缺点。

四、法国政治制度的特点及其形成（20 分钟）

活动：

1. 讲解内容：

☐ 法国政治制度的形成背景：

- 大革命后，经过多次政体更迭，最终确立了第五共和国宪法。

☐ 法国政治制度的特点：

- 共和制：总统制与议会制相结合。
- 总统是国家元首，掌握行政权，总理负责领导政府。
- 两院制：国民议会与参议院。
- 多党制：多党联盟执政。

2. 讨论：

☐ 提问：

- "法国的政体为什么被称为'半总统制'？"
- "法国的多党制对国家政治稳定有什么影响？"

五、对比分析环节（15 分钟）

活动：

1. 表格填写：

☐ 教师提供空白表格，要求学生填写三国政治制度的异同点。

☐ 表格示例：

特点	英国	美国	法国
政体类型	君主立宪制	联邦总统制	半总统制
权力结构	议会至上	三权分立	总统与议会并重
政党制度	两党制	两党制	多党制

2. 小组讨论：

❑ 学生分组讨论，完成表格填写。

❑ 教师巡回指导，解答疑问。

3. 分享与总结：

❑ 每组派代表分享表格内容，教师补充完善。

❑ 引导学生思考：

● "这些制度设计的目的是什么？它们对现代社会有什么启示？"

● "你觉得哪种制度更符合中国的国情？为什么？"

六、总结与延伸（5分钟）

活动：

1. 教师总结：

❑ "通过今天的课程，我们了解了英国、美国、法国三国不同的政治制度，它们在历史背景、制度设计上各有特点，但也有一些共同点。这些制度对现代社会的政治发展产生了深远影响。"

2. 布置课后作业：

❑ 撰写一篇短文，比较三国政治制度的异同，并谈谈你对这些制度的看法。

板书设计

近代西方资本主义政治制度的确立与发展

1）英国：君主立宪制——《权利法案》、议会内阁制

2）美国：联邦总统制——三权分立、两党制

3）法国：共和国制——总统制与议会制结合

4）制度对比：异同点及启示

希望这份整理后的教案能够满足您的需求！

7.2 个性化习题定制方案

用 DeepSeek 定制个性化习题方案，可以从三个方面入手，列举如下。

7.2.1　根据不同的学习阶段定制习题

从不同的学习阶段入手，DeepSeek 给出的建议如下。

提示词：

根据处于小学一年级数学学习阶段的学生的情况，定制巩固加减法运算的个性化习题，包含基础题、拓展题和应用题，题量适中，难度递增。

输出结果：

小学一年级数学加减法巩固习题

一、基础题（20 题）

1. 计算下列各题：

❑ 5 + 3 = ＿＿＿

❑ 8 - 2 = ＿＿＿

❑ 7 + 6 = ＿＿＿

❑ 9 - 4 = ＿＿＿

❑ 2 + 9 = ＿＿＿

❑ 15 - 7 = ＿＿＿

❑ 12 + 5 = ＿＿＿

❑ 18 - 9 = ＿＿＿

❑ 14 + 6 = ＿＿＿

❑ 20 - 10 = ＿＿＿

2. 计算下列各题：

❑ 23 + 17 = ＿＿＿

❑ 35 - 12 = ＿＿＿

❑ 40 + 50 = ＿＿＿

❑ 70 - 30 = ＿＿＿

❑ 15 + 25 = ＿＿＿

❑ 30 - 18 = ＿＿＿

❑ 28 + 12 = ＿＿＿

❑ 45 - 27 = ＿＿＿

❑ 19 + 31 = ＿＿＿

❑ 50 - 25 = ＿＿＿

二、拓展题（16 题）

3. 计算下列各题：

❑ 123 + 45 = ＿＿＿

❏ $234 - 56 =$ _____

❏ $345 + 67 =$ _____

❏ $567 - 89 =$ _____

❏ $789 + 12 =$ _____

❏ $876 - 45 =$ _____

❏ $456 + 78 =$ _____

❏ $678 - 99 =$ _____

❏ $987 + 34 =$ _____

❏ $765 - 123 =$ _____

4. 计算下列各题（进位与退位）：

❏ $59 + 28 =$ _____

❏ $85 - 37 =$ _____

❏ $76 + 35 =$ _____

❏ $92 - 48 =$ _____

❏ $67 + 49 =$ _____

❏ $95 - 56 =$ _____

三、应用题（5题）

5. 小明有 15 元，他买了一个铅笔盒花了 8 元，还剩下多少钱？

6. 一个超市上午卖出了 32 个苹果，下午又卖出了 25 个苹果，一天一共卖出了多少个苹果？

7. 小红有 36 本故事书，她送了 15 本给朋友，还剩多少本？

8. 体育课上，全班有 48 人参加跑步比赛，其中男生有 27 人，女生有多少人？

9. 爸爸的身高是 175 厘米，妈妈的身高是 162 厘米，爸爸比妈妈高多少厘米？

答案示例：

1.

❏ $5 + 3 = 8$

❏ $8 - 2 = 6$

❏ $7 + 6 = 13$

❏ $9 - 4 = 5$

❏ $2 + 9 = 11$

❏ $15 - 7 = 8$

❏ $12 + 5 = 17$

❏ $18 - 9 = 9$

❏ $14 + 6 = 20$
❏ $20 - 10 = 10$

2.

❏ $23 + 17 = 40$
❏ $35 - 12 = 23$
❏ $40 + 50 = 90$
❏ $70 - 30 = 40$
❏ $15 + 25 = 40$
❏ $30 - 18 = 12$
❏ $28 + 12 = 40$
❏ $45 - 27 = 18$
❏ $19 + 31 = 50$
❏ $50 - 25 = 25$

3.

❏ $123 + 45 = 168$
❏ $234 - 56 = 178$
❏ $345 + 67 = 412$
❏ $567 - 89 = 478$
❏ $789 + 12 = 801$
❏ $876 - 45 = 831$
❏ $456 + 78 = 534$
❏ $678 - 99 = 579$
❏ $987 + 34 = 1021$
❏ $765 - 123 = 642$

4.

❏ $59 + 28 = 87$
❏ $85 - 37 = 48$
❏ $76 + 35 = 111$
❏ $92 - 48 = 44$
❏ $67 + 49 = 116$
❏ $95 - 56 = 39$

5. 小明有 15 元，买铅笔盒花了 8 元，剩下 7 元。

6. 超市上午卖了 32 个苹果，下午卖了 25 个，一天共卖了 57 个。

7. 小红有 36 本故事书，送了 15 本，还剩 21 本。

8. 全班 48 人参加跑步，男生 27 人，女生有 21 人。

9. 爸爸比妈妈高 13 厘米（175 – 162 = 13）。

7.2.2　根据学科知识薄弱点定制习题

从学科知识薄弱点入手，DeepSeek 给出的建议如下。

提示词：

了解到学生对英语语法中时态部分的掌握较差，请生成一套涵盖各种时态转换、不同时态下动词形式变化的专项练习题，并提供详细解析。

输出结果：

英语时态专项练习题

一、选择正确的时态形式（10 题）

1. She _____ (go) to the park yesterday. A. goes B. went C. go

2. I _____ (eat) lunch now. A. am eating B. eat C. ate

3. They _____ (play) football last Sunday. A. plays B. played C. playing

4. He _____ (study) English every day. A. studies B. studied C. will study

5. We _____ (visit) the zoo tomorrow. A. visit B. visited C. will visit

6. She _____ (watch) TV when I called her. A. is watching B. was watching C. watches

7. He _____ (not/make) any mistakes in the test yesterday. A. doesn't make B. didn't make C. won't make

8. I _____ (read) a book this time yesterday. A. was reading B. read C. reads

9. They _____ (plan) a trip to Paris next month. A. plan B. planned C. will plan

10. She _____ (like) chocolates when she was a child. A. liked B. likes C. will like

二、改写句子，使用正确的时态（10 题）

11. She go to the park yesterday. → She _____ yesterday.

12. I eat lunch now. → I _____ now.

13. They play football last Sunday. → They _____ last Sunday.

14. He study English every day. → He _____ every day.

15. We visit the zoo tomorrow. → We _____ tomorrow.

16. She watch TV when I called her. → She _____ when I called her.

17. He not/make any mistakes in the test yesterday.　→ He _____ in the test yesterday.

18. I read a book this time yesterday. → I _____ this time yesterday.

19. They plan a trip to Paris next month.　→ They _____ a trip to Paris next month.

20. She like chocolates when she was a child. → She _____ when she was a child.

三、根据上下文选择正确的时态（5题）

21. "Where are you going?" "I _____ (go) to the library."

22. "What did you do last weekend?" "I _____ (study) for the test."

23. "What are you doing now?" "I _____ (read) a book."

24. "What will you do tomorrow?" "I _____ (meet) my friends."

25. "What was she doing when the phone rang?" "She _____ (cook) dinner."

四、完成句子（5题）

26. I _____ (finish) my homework by the time my parents _____ (come) back last night.

27. While I _____ (walk) in the park, I _____ (meet) an old friend.

28. By next year, I _____ (learn) how to swim.

29. She _____ (not/see) her friends since she _____ (move) to the new city.

30. If it _____ (rain) tomorrow, I _____ (stay) at home.

答案示例：

1. B

2. A

3. B

4. A

5. C

6. B

7. B

8. A

9. C

10. A

11. went

12. am eating

13. played

14. studies

15. will visit

16. was watching

17. didn't make

18. was reading

19. will plan

20. liked

21. am going

22. studied

23. am reading

24. will meet

25. was cooking

26. finished, came

27. was walking, met

28. will have learned

29. hasn't seen, moved

30. rains, will stay

7.2.3 根据学习习惯定制习题

从学习习惯入手，DeepSeek 给出的建议如下。

提示词：

针对学生喜欢利用碎片化时间学习的特点，生成一系列地理知识点小测验习题，每个测验包含 5 ～ 10 道选择题或判断题，方便随时练习。

输出结果：

地理知识点小测验习题

第一组（自然地理）

选择题：

1. 地球的形状是怎样的？ A. 正球体 B. 不规则球体 C. 扁平圆形 D. 椭圆形

2. 七大洲中面积最大的洲是：A. 亚洲 B. 非洲 C. 北美洲 D. 南极洲

3. 四大洋中面积最小的是：A. 太平洋 B. 大西洋 C. 印度洋 D. 北冰洋

4. 地球的自转产生了：A. 昼夜交替　B. 四季变化　C. 星辰东升西落　D. 以上都是

5. 世界上最高的山脉是：A. 喜马拉雅山脉　B. 安第斯山脉　C. 阿尔卑斯山脉　D. 落基山脉

判断题：

6. 地球的赤道周长约 4 万公里。（　　　　）

7. 地球的北半球和南半球的面积相等。（　　　　）

8. 大陆漂移学说是由德国科学家魏格纳提出的。（　　　　）

9. 世界上最大的沙漠是撒哈拉沙漠。（　　　　）

10. 北极和南极的气候类型相同。（　　　　）

第二组（人文地理）

选择题：

11. 世界上人口最多的国家是：A. 印度　B. 中国　C. 美国　D. 印度尼西亚

12. 世界上最大的淡水湖是：A. 苏必利尔湖　B. 里海　C. 洞庭湖　D. 密歇根湖

13. 世界上使用人数最多的语言是：A. 英语　B. 汉语　C. 西班牙语　D. 阿拉伯语

14. 欧洲最长的河流是：A. 多瑙河　B. 莱茵河　C. 伏尔加河　D. 尼罗河

15. 世界上最大的群岛国家是：A. 马来西亚　B. 印度尼西亚　C. 菲律宾　D. 日本

判断题：

16. 巴西是南美洲面积最大的国家。（　　　　）

17. 中国的首都北京是世界上人口最多的城市之一。（　　　　）

18. 澳大利亚是唯一一个独占一个大陆的国家。（　　　　）

19. 世界上最大的平原是亚马孙平原。（　　　　）

20. 北极地区的主要居民是因纽特人。（　　　　）

第三组（综合地理）

选择题：

21. 地球上最大的热带雨林分布在：A. 亚马孙盆地　B. 刚果盆地　C. 东南亚　D. 澳大利亚

22. 世界上最大的高原是：A. 青藏高原　B. 巴西高原　C. 东非高原　D. 德干高原

23. 世界三大宗教的发源地都在：A. 亚洲　B. 欧洲　C. 非洲　D. 美洲

24. 世界上最大的岛屿是：A. 台湾岛　B. 格陵兰岛　C. 苏门答腊岛　D. 大不列颠岛

25. 世界最深的湖泊是：A. 贝加尔湖　B. 洞庭湖　C. 苏必利尔湖　D. 维多利亚湖

判断题：

26. 中国的长江是世界第三长河。（　　　　）

27. 世界上最大的珊瑚礁群位于澳大利亚。（　　　　）

28. 青藏高原被称为"世界屋脊"。（　　　）

29. 世界上最大的沙漠是撒哈拉沙漠。（　　　）

30. 地球上最大的岛屿是格陵兰岛。（　　　）

答案示例：

1. B

2. A

3. D

4. D

5. A

6. √

7. √

8. √

9. √

10. √

11. A

12. A

13. B

14. C

15. B

16. √

17. √

18. √

19. √

20. √

21. A

22. B

23. A

24. B

25. A

26. √

27. √

28. √

29. √

30. √

这些小测验可以灵活调整题量和难度，方便学生在碎片化时间里快速练习。

7.3　学生心理问题的疏导建议

本节将使用 DeepSeek 针对学习情绪问题、人际关系困扰问题、学习动力缺乏问题这三类学生心理问题，提供学习心理问题的疏导建议。

7.3.1　学习情绪问题

针对学习情绪问题，DeepSeek 给出的建议如下。

提示词：

当学生出现考试焦虑情绪时，提供一系列放松技巧训练建议，如深呼吸、渐进性肌肉松弛等，以及如何在考试前和考试过程中运用这些技巧。

输出结果：

当你感到考试焦虑时，可以尝试以下放松技巧来帮助自己平静下来：

1. 深呼吸练习

❏ 腹式呼吸：缓慢吸气 4 秒，让腹部鼓起，屏息 4 秒，然后缓慢呼气 6 秒。重复几次，直到感到放松。

❏ 4-7-8 呼吸法：吸气 4 秒，屏息 7 秒，呼气 8 秒。这个方法有助于降低心率，缓解紧张。

2. 渐进性肌肉松弛法

❏ 从脚到头：依次绷紧并放松身体的每一部分肌肉。例如，先绷紧脚趾 10 秒，然后放松，接着是小腿、大腿，直到头部。

❏ 局部放松：如果时间有限，可以专注于放松最紧张的部位，如肩膀或手部。

3. 正念冥想

❏ 专注于呼吸：找一个安静的地方，闭上眼睛，专注于自己的呼吸。当思绪飘散时，温和地将注意力带回到呼吸上。

❏ 身体扫描：从脚开始，逐步关注身体的每一部分，感受其紧张或放松的状态，帮助自己进入深度放松状态。

4. 积极心理暗示

❏ 正面自我对话：告诉自己"我可以做到"或"我已经准备好了"。这种积极的自我暗示能增强自信心。

❑ 接受不确定性：提醒自己，考试只是检验学习成果的一部分，尽力而为即可。

5. 考试前的准备

❑ 时间管理：在考试前，合理规划时间，确保每个部分都有足够的答题时间。

❑ 模拟练习：提前模拟考试环境，帮助自己适应紧张氛围，减少陌生感。

6. 考试中的技巧

❑ 专注当下：遇到难题时，先跳过，稍后再回来思考。不要让某一道题影响整体发挥。

❑ 短暂休息：如果感到紧张，可以暂时停下来，闭目养神或做几次深呼吸。

通过这些技巧，你可以在考试前和考试中更好地管理自己的情绪，保持冷静和专注。记住，焦虑是正常的，但通过练习和准备，你可以更好地应对它。祝你考试顺利！

7.3.2　人际关系困扰问题

针对人际关系困扰问题，DeepSeek 给出的建议如下。

提示词：

学生在与同学的相处中出现矛盾，如被孤立，提供沟通技巧培训建议，教导学生如何主动沟通、表达自己的感受和需求，以及如何倾听他人的意见。

输出结果：

学生在与同学的相处中出现矛盾，比如被孤立时，可以通过以下沟通技巧来改善关系，主动沟通并表达自己的感受和需求：

1. 主动沟通

❑ 建立联系：主动向同学打招呼、微笑，表现出友好和开放的态度。例如，可以说："你好，今天过得怎么样？"

❑ 参与活动：积极参加班级活动或小组讨论，主动表达自己的观点，展示自己的兴趣和想法。

2. 倾听他人

❑ 专注倾听：在与同学交流时，专注于对方的说话内容，避免打断或急于表达自己。

❑ 回应反馈：通过点头、微笑或简单的回应（如"嗯，我明白你的意思"）来表示你在认真听。

3. 表达感受和需求

❑ 使用"我"语句：当表达自己的感受时，用"我"开头，避免指责对方。例如，可以说："我觉得被忽略时会感到难过。"

❑ 明确需求：清晰地表达自己的需求，例如："我希望我们可以一起讨论这个问题，找到一个我们都满意的解决方案。"

4. 尊重他人意见

❑ 接纳不同观点：尊重同学的不同意见，即使有分歧，也要以开放的心态接受。

❑ 避免争论：如果出现意见不合，可以暂时搁置争议，换个时间再讨论，避免情绪化争执。

5. 解决矛盾

❑ 冷静处理：在发生矛盾时，先冷静下来，避免情绪化反应。

❑ 寻找解决方案：与对方一起讨论问题，寻找双方都能接受的解决方案。例如，可以说："我们可以一起想想怎么解决这个问题吗？"

6. 处理孤立感

❑ 主动融入：如果感到被孤立，可以主动参与集体活动或找到有共同兴趣的同学交流。

❑ 建立信任：通过真诚的交流和合作，逐步建立与同学之间的信任关系。

7. 提升社交技能

❑ 学习幽默感：适当的幽默可以缓解紧张气氛，促进友谊。

❑ 练习肢体语言：保持开放的姿势（如避免交叉手臂），眼神交流适度，展现自信和友好。

8. 寻求帮助

❑ 如果矛盾无法自行解决，可以寻求老师的帮助，或者与心理咨询师交流，获得更多的支持和建议。

通过这些方法，学生可以更好地与同学沟通，表达自己的感受和需求，同时学会倾听和理解他人，从而改善人际关系，减少矛盾和孤立感。记住，建立良好的关系需要时间和耐心，但积极主动的沟通是关键！

7.3.3　学习动力缺乏问题

针对学习动力缺乏问题，DeepSeek 给出的建议如下。

提示词：

学生出现学习动力不足时，提供激发内在动力的方法，如帮助学生找到学习的兴趣点、设定短期和长期的学习目标、给予及时的学习反馈和奖励。

输出结果：

当学生出现学习动力不足时，可以通过以下方法激发内在动力，帮助他们找到学习的乐趣和目标：

1. 找到学习的兴趣点

☐ 探索课程的实际应用：了解所学知识如何在实际生活中应用，例如将数学应用于编程或将物理应用于工程设计。

☐ 尝试新方法：用新的学习方式，如通过视频、游戏或实验，让学习变得更有趣。

☐ 联结兴趣爱好：尝试将学习内容与自己的兴趣爱好结合起来，例如将历史与电影中的背景故事结合。

2. 设定明确的目标

☐ 短期目标：设定易于实现的短期目标，如每天完成一个知识点的学习，每星期复习一次。

☐ 长期目标：设定一个大目标，如通过努力在期末考试中取得好成绩，或者为未来的职业发展打下基础。

☐ 分解目标：将大目标分解为小目标，逐步实现，每完成一个小目标都给予自己一定的奖励。

3. 给予及时反馈和奖励

☐ 自我反馈：定期回顾自己的学习进展，肯定自己的努力和进步。

☐ 正向激励：设定奖励机制，如完成一项任务后奖励自己看一集喜欢的动画或吃一顿喜欢的食物。

☐ 外部反馈：寻求老师或同学的反馈，了解自己的进步和不足，及时调整学习方法。

4. 激发内在动机

☐ 培养好奇心：多问问题，尝试理解知识的本质，而不是死记硬背。

☐ 建立成长心态：相信自己通过努力可以不断进步，而不是认为能力是固定的。

☐ 联结未来：思考学习如何帮助自己实现未来的梦想，比如考上理想的大学或从事喜欢的职业。

5. 改变学习方式

☐ 多样化学习方式：尝试不同的学习方法，如做笔记、讨论、教学他人或通过游戏化学习。

❑ 设置学习仪式：通过设定特定的学习时间和环境，帮助自己进入学习状态。

❑ 增加互动性：与同学组成学习小组，互相讨论和帮助，增加学习的乐趣和动力。

6. 提升自我效能感

❑ 积累成功经验：通过不断完成小目标，增强自己对学习的信心。

❑ 避免过度比较：关注自己的进步，而不是与他人比较，减少压力。

❑ 寻求帮助：当遇到困难时，及时向老师或同学寻求帮助，避免因长期受挫而失去动力。

通过以上方法，学生可以逐渐找到学习的乐趣和动力，将学习视为一种自我提升和探索的过程，而不是一种负担。记住，学习动力是可以通过培养和调整逐步提升的，关键是要找到适合自己的方法，并坚持下去。

用 DeepSeek 创业与经营

在当今竞争激烈的商业环境中，撰写一份高质量的商业计划书对于创业者获取融资至关重要。商业计划书不仅是向投资者展示项目潜力的工具，更是创业者梳理自身业务逻辑、明确发展方向的重要文档。然而，对于许多创业者来说，撰写商业计划书往往是一项既耗时又费力的任务，且难以确保内容的全面性和专业性。DeepSeek 能够帮助创业者高效地生成一份结构清晰、内容翔实的商业计划书，下面将以智能健身镜项目为例，展示 DeepSeek 的这个能力。

8.1 市场分析与产品或服务介绍

8.1.1 市场分析内容的生成

市场分析是商业计划书的重要组成部分，旨在帮助创业者和投资者了解目标市场的需求、规模、增长趋势及竞争态势。借助 DeepSeek，创业者可以高效地完成市场分析内容的撰写。

1. 市场信息收集

首先，利用 DeepSeek 的联网搜索能力，从多个权威渠道获取市场相关数据，包括行业报告、市场调研数据、新闻资讯等。这些数据将为市场分析提供有力支撑。

提示词：

请从行业报告、市场调研数据和新闻资讯中收集与智能健身镜项目相关的市场数据。

输出结果：

智能健身镜项目的市场数据

市场规模与增长

☐ 市场规模预测：根据艾瑞咨询的数据，2025 年中国智能健身镜的市场规模预计将达到 112 亿元，而整个智能运动健身行业的市场规模预计为 820 亿元。

☐ 出货量增长：2020 年智能健身镜的出货量约为 0.4 万台，到 2025 年预计将达到 187 万台，显示出市场的快速增长趋势。

市场发展背景

☐ 行业背景：智能健身镜的兴起可以追溯到 2020 年，当时知名运动品牌 lululemon 以 5 亿美元收购了智能健身镜品牌 Mirror，这一事件推动了资本对智能健身镜领域的关注。

☐ 技术推动：随着 5G 技术的普及，智能健身镜的连接速度和数据处理能力得到了显著提升，为用户提供了更流畅的互动体验。

品牌与竞争

☐ 主要品牌：除了国际品牌 Mirror，国内品牌如 FITURE 魔镜、咕咚、乐刻等也纷纷入局，推动了国产智能健身镜品牌的发展。

☐ 融资情况：国内智能健身镜行业在短短 3 年内获得了超过 30 亿元的融资，显示出资本对这一领域的高度关注。

用户与市场接受度

☐ 用户使用情况：智能健身镜用户平均每月训练次数达到 14 次，显示出较高的用户活跃度。

☐ 市场潜力：FITURE 魔镜系列产品在 2021 年的销量比 2020 年增长了 10 倍以上，显示出市场的巨大潜力。

未来趋势

☐ 技术壁垒：智能健身镜行业的技术壁垒主要体现在硬件、软件和内容三个方面，未来的发展需要持续的技术创新和内容服务的优化。

☐ 政策与产业支持：国内智能健身镜行业倾向于通过技术积累和项目展示来获取声誉，并围绕政策导向和产业价值定位制定发展目标。

综上所述，智能健身镜市场正处于快速发展的阶段，市场规模和出货量均呈现显著增长趋势，技术进步和品牌竞争推动了行业的进一步发展。

2. 市场分析初稿生成

基于前面收集到的信息，让 DeepSeek 组织整理并形成完整的市场分析模块初稿，建议指明希望 DeepSeek 分析的维度。

提示词：

请结合收集到的信息识别市场趋势、消费者行为模式以及潜在的增长机会，生成市场分析模块初稿，包括市场概述、目标客户群体分析、市场规模与增长趋势、竞争态势等内容。

输出结果：

智能健身镜市场分析模块初稿

一、市场概述

智能健身镜是一种集智能硬件、运动健身内容和交互式体验于一体的新兴产品，旨在为用户提供便捷、高效的家居健身解决方案。近年来，随着健康意识的提升和智能科技的快速发展，智能健身镜市场呈现出快速崛起的态势。

❑ 行业背景：智能健身镜的兴起始于 2020 年，当时国际品牌 Mirror 被 lululemon 以 5 亿美元收购，这一事件推动了资本对智能健身镜领域的关注。随后，国内品牌如 FITURE 魔镜、咕咚等也纷纷入局，推动了国产智能健身镜品牌的发展。

❑ 技术推动：智能健身镜的核心竞争力在于其硬件、软件和内容的结合。5G 技术的普及提升了设备的连接速度和数据处理能力，而 AI 技术的进步则为用户提供了更个性化的健身指导和更流畅的互动体验。

二、目标客户群体分析

智能健身镜的目标客户群体主要集中在以下几类人群：

1. 25 ～ 45 岁中高收入人群

这一群体注重健康管理和生活品质，愿意为智能化、个性化的健身设备支付溢价。

2. 女性用户

数据显示，女性用户占比超过 60%，她们更倾向于选择既能锻炼又能提升生活品质的产品。

3. 80 后和 90 后消费群体

这一群体对智能设备接受度高，且更愿意为运动健身付费。

4. 城市白领和健身爱好者

他们通常工作繁忙，没有时间去健身房，因此更倾向于选择在家就能使用的智能健身设备。

5. 对科技产品感兴趣的用户

智能健身镜作为科技与健身结合的产物，吸引了大量科技爱好者。

三、市场规模与增长趋势

1. 市场规模

☐ 2020 年，中国智能健身镜市场规模约为 0.3 亿元，出货量约为 0.4 万台。

☐ 预计到 2025 年，市场规模将增长至 112 亿元，出货量达到 187 万台。

☐ 整个智能运动健身行业的市场规模预计在 2025 年达到 820 亿元。

2. 增长趋势

☐ 快速增长期：2020 年至 2025 年，智能健身镜市场呈现爆发式增长趋势，年均复合增长率超过 200%。

☐ 用户需求驱动：随着健康意识的提升，越来越多的消费者倾向于在家健身，推动了智能健身镜的需求增长。

☐ 品牌效应：以 FITURE 魔镜为例，其销量在 2021 年比 2020 年增长了 10 倍以上，显示出市场的巨大潜力。

四、竞争态势

1. 主要参与者

☐ 国际品牌：Mirror（已被 lululemon 收购）

☐ 国内品牌：FITURE 魔镜、咕咚、乐刻等。

☐ 新兴品牌：近年来，大量资本进入智能健身镜领域，推动了行业的快速发展。

2. 竞争格局

☐ 技术竞争：硬件性能（如屏幕清晰度、AI 交互能力）和软件内容（如课程丰富度、个性化推荐）是主要竞争点。

☐ 品牌竞争：国内品牌如 FITURE 魔镜凭借本土化内容和服务迅速崛起，与国际品牌展开竞争。

☐ 价格竞争：尽管价格较高，但部分品牌通过差异化定价策略吸引不同的消费群体。

3. 资本投入

☐ 国内智能健身镜行业在 3 年内获得了超过 30 亿元的融资，显示出资本对这一领域的高度关注。

五、潜在增长机会

1. 技术升级

☐ AI 技术的进一步应用，如个性化训练计划、实时动作矫正等功能，将提升用户体验。

2. 内容丰富

☐ 与知名健身教练、运动品牌合作，推出更多高质量的课程和内容，吸引更多用户。

3. 下沉市场

☐ 一线城市需求已较为饱和，二三线城市仍有较大的市场潜力，可通过价格策略和渠道下沉策略拓展市场。

4. 生态整合

☐ 与其他智能家居设备（如智能音箱、智能门锁等）联动，打造完整的家居健身生态。

通过以上分析，智能健身镜市场展现出巨大的发展潜力和广阔的增长空间。未来，随着技术的不断进步和用户需求的进一步释放，智能健身镜有望成为家庭健身的重要工具，市场前景值得期待。

8.1.2 产品或服务介绍

产品或服务介绍模块旨在清晰地阐述创业者的项目内容，包括产品或服务的功能、特点、优势以及创新点等。

1. 项目概述初稿生成

创业者可以向 DeepSeek 输入项目的基本信息，如项目名称、所属行业、项目愿景等，模型将基于这些信息生成项目概述初稿。此处提示词是直接让 DeepSeek 生成相关信息，实际操作中可以补充更多项目细节信息。

提示词：

请结合以下信息生成项目概述初稿，包括项目名称、所属行业、项目愿景等基本信息：×× 智能健身镜。

输出结果：

项目概述

项目名称

×× 智能健身镜

所属行业

智能家居 / 智能健身设备

项目愿景

通过创新的智能健身镜产品，为用户提供便捷、高效、个性化的家居健身解决方案，推动家庭健身的普及与智能化发展，助力用户实现健康生活的美好愿景。

项目简介

本项目旨在开发一款集智能硬件、运动课程、AI 互动于一体的智能健身镜产品，为注重健康和生活品质的用户提供个性化的居家健身体验。通过结合先进的智能科技与专业的健身内容，×× 智能健身镜致力于满足现代用户对高效、便捷健身方式的需求，推动家庭健身市场的智能化升级。

2. 功能和特点描述生成

详细描述产品或服务的功能和特点，是该模块的核心内容。创业者可以通过与模型的交互，逐步完善产品或服务的功能和特点描述，确保其准确性和吸引力。在实际撰写中，可输入卖点关键词让 DeepSeek 基于此生成，如果没有很好的想法或者思路，也可以像下面这样直接让 DeepSeek 生成。

提示词：

请详细描述上述智能健身镜的功能和特点，突出其独特卖点。

输出结果：

智能健身镜的功能和特点

1. 交互式 AI 教练

☐ 智能指导：内置 AI 教练根据用户的健身目标、身体状况和偏好，提供个性化训练计划和实时指导。

☐ 动作纠正：通过摄像头和传感器，AI 教练实时监测用户动作，提供即时反馈和纠正建议，确保动作的准确性和安全性。

☐ 互动体验：用户可通过语音或触屏与 AI 教练互动，获取实时建议或调整训练强度。

2. 多样化健身课程

☐ 全面覆盖：涵盖瑜伽、力量训练、冥想等多种类型课程，满足不同用户的不同需求。

☐ 名师课程：邀请知名健身教练和专业人士录制课程，确保高质量和专业性。

☐ 更新频率：定期更新课程内容，保持新鲜感，让用户始终有新内容可选择。

3. 智能硬件设计

☐ 镜面设计：高清触摸屏，镜面效果清晰自然，可切换为普通镜子或智能健身界面。

☐ 人体感应：内置传感器自动感应用户身高、体重、动作幅度等数据，提供精准训练反馈。

❑ 便携与美观：轻薄设计，适合家庭环境，节省空间，融入家居装饰风格。

4. 智能连接与数据同步

❑ 设备连接：支持与智能手表、心率带、体重秤等设备连接，实时同步健康数据，优化训练计划。

❑ 数据追踪：记录每次训练数据，包括时间、消耗卡路里、运动强度等，生成详细报告。

❑ 多设备同步：训练数据可同步至手机 App 或其他智能设备，方便用户随时随地查看和管理。

5. 个性化健康建议

❑ 健康报告：定期生成健康报告，分析健身效果和健康状况，提供针对性建议。

❑ 目标设定：帮助用户设定短期和长期健身目标，并通过数据追踪和反馈，助力用户逐步达成目标。

6. 价格亲民与售后服务

❑ 高性价比：相比传统健身房和私人教练，价格更亲民，适合更广泛的用户群体。

❑ 售后服务：提供一年质保服务和终身技术支持，确保用户使用无忧。

7. 独特卖点

❑ 创新性：结合 AI 技术和智能家居设计，提供前所未有的家庭健身体验。

❑ 便利性：用户不需要离开家，即可享受专业级健身指导。

❑ 个性化：根据用户需求量身定制训练计划，确保高效和安全。

❑ 经济性：相比传统健身方式，价格更低，适合长期使用。

❑ 美观与实用性结合：设计时尚，融入家居环境，同时具备强大的功能性。

通过这些功能和特点，×× 智能健身镜不仅为用户提供了一个高效便捷的健身解决方案，还重新定义了家庭健身的未来，为注重健康和生活品质的用户提供了全新的选择。

3. 优势与创新点

突出产品或服务的优势与创新点，是吸引投资者的关键。DeepSeek 能够帮助创业者挖掘项目的核心竞争力，生成具有说服力的内容。

提示词：

请生成产品或服务的优势与创新点的描述，增强说服力。

输出结果：

产品与服务的优势与创新点

优势：

1. 个性化 AI 教练，专业指导

内置先进 AI 教练系统，根据用户的健身目标、身体状况和偏好，提供量身定制的训练计划。实时动作纠正和反馈，确保训练的高效性和安全性，让用户在家即可享受专业级指导。

2. 智能硬件设计，美观实用

采用高清触摸屏镜面设计，既能作为普通镜子使用，又能轻松切换为智能健身界面。轻薄机身融入家居环境，节省空间的同时提升生活品质。

3. 丰富课程资源，满足多样需求

提供涵盖瑜伽、力量训练、冥想等多种课程，定期更新，确保内容新鲜感。邀请知名健身教练录制课程，保证专业性和吸引力。

4. 数据追踪与健康管理

支持与智能设备连接，实时同步健康数据，生成详细报告，帮助用户全面了解健康状况并优化训练计划，实现科学健康管理。

5. 价格亲民，售后服务无忧

相比传统健身房和私人教练，智能健身镜的价格更具竞争力，且提供一年质保和终身技术支持，让用户使用无后顾之忧。

创新点：

1. AI 与物联网结合的智能健身解决方案

创新性地将 AI 技术与智能家居设备结合，通过传感器和摄像头实现精准动作监测与实时反馈，为用户提供前所未有的智能健身体验。

2. 交互式健身体验

用户可通过语音或触屏与 AI 教练互动，获得实时建议和个性化调整，增强训练的趣味性和互动性，让健身更加高效且充满乐趣。

3. 构建智能健康生态系统

通过数据追踪、课程更新和个性化建议，智能健身镜不仅是一款健身设备，更是一个完整的智能健康生态系统，全面满足用户对健康生活的追求。

通过以上优势与创新点，×× 智能健身镜不仅能满足用户对便捷、高效健身的需求，更能重新定义家庭健身的未来，为注重健康和生活品质的用户带来全新的生活方式选择。

8.2 商业模式与运营计划

8.2.1 商业模式

创业者可以借助 DeepSeek 探索不同的盈利模式，并生成相应的描述内容。

提示词：

请探索项目的盈利模式，并生成包括产品销售、服务收费、广告收入等方面的描述。

输出结果：

智能健身镜的盈利模式

智能健身镜作为一款创新的智能健身产品，其盈利模式涉及多个方面，包括产品销售、服务收费、广告收入等，以确保产品的市场竞争力和持续盈利能力。以下是详细的盈利模式描述：

1. 产品销售

☐ 硬件销售：通过直接销售智能健身镜设备，获取硬件利润。考虑到产品的高性价比，定价策略将吸引更广泛的用户群体，包括健身爱好者、家庭用户和健康意识较强的消费者。

☐ 捆绑销售：提供多种套餐，例如智能健身镜搭配其他健康设备（如智能手表、心率带等），或包含一定期限的高级课程会员服务，以增加单次销售的附加值。

☐ 订阅制销售：推出按月或按年的设备订阅服务，用户支付月费即可使用智能健身镜及相关服务，这种方式降低了用户的初始购买门槛，同时确保了持续收入。

2. 服务收费

☐ 会员订阅：提供基于 AI 教练的高级课程、个性化训练计划和健康报告的订阅服务。会员分为不同等级，如基础会员、专业会员和 VIP 会员，价格根据服务内容和体验不同而有所差异。

☐ 课程内容更新：定期推出新的课程内容，并通过订阅服务提供给用户，确保用户持续使用并支付费用。

☐ 私人教练服务：针对高端用户，提供真人私人教练的线上或线下服务，结合 AI 教练，提供更专业的指导和定制化服务，收取额外费用。

3. 广告收入

☐ 精准广告投放：通过智能健身镜的使用数据，分析用户的健身偏好和健康需求，向用户推送相关广告，例如健身装备、健康食品、运动服装等。

❏ 品牌合作：与健身品牌、健康食品品牌或运动设备品牌合作，提供广告位或产品植入，增加广告收入。

❏ 内容推荐：在课程推荐页面或健身计划中，插入相关品牌的商品广告，用户单击后可直接跳转至购买页面，获取分成收入。

4. 数据价值

❏ 健康数据服务：通过用户的健身数据，提供匿名化数据给健身品牌等，用于市场分析或产品优化。

❏ 用户画像分析：分析用户的使用习惯和健康数据，形成用户画像，用于精准营销和广告投放，提升广告转化率。

5. 生态系统延伸

❏ 健康生态闭环：将智能健身镜与其他智能设备（如智能手表、智能体重秤）联动，构建完整的健康生态系统，通过数据互通和功能协同，提升用户黏性，进而通过生态系统内的其他服务收费。

❏ 线上线下结合：与线下健身房、健康管理中心合作，提供会员优惠或积分兑换服务，吸引更多用户使用产品，并通过合作分成获取收入。

6. 内容付费

❏ 付费课程：提供高质量的付费课程，如名师课程、专业训练计划等，用户需支付额外费用解锁。

❏ 课程包销售：将课程打包销售，例如季度课程包、年度课程包，用户购买后可享受更多优惠。

7. 合作伙伴分成

❏ 品牌合作分成：与健身品牌、运动装备品牌合作，通过产品内置推荐或广告位合作，按销售额或点击量进行分成。

❏ 健康平台合作：与健康管理平台、运动社交平台合作，共享用户数据或提供服务接口，通过合作分成获取收入。

通过以上多种盈利模式的结合，智能健身镜不仅能够覆盖硬件成本，还能通过持续的服务和数据价值创造稳定的收入来源，进一步提升产品的市场竞争力和用户黏性。

8.2.2　市场推广策略

市场推广策略是体现创业项目运营思路的重要组成部分，DeepSeek 能够根据项目特点和目标市场，生成市场推广策略建议。

提示词：

请根据项目特点和目标市场，生成市场推广策略建议，包括线上营销、线下活动、合作伙伴关系建立等。

输出结果：

智能健身镜市场推广策略

智能健身镜作为一款结合 AI 和物联网技术的创新健身产品，具有巨大的市场潜力和广泛的目标用户群体。以下是针对其特点和目标市场的市场推广策略建议：

一、目标市场分析

1. 目标用户群体

☐ 健身爱好者：注重健康和身材管理的人群。

☐ 家庭用户：有健身需求但缺乏时间和空间的中青年家庭用户。

☐ 科技爱好者：对智能家居设备感兴趣的消费者。

☐ 都市白领：工作繁忙、时间有限但关注健康的上班族。

2. 市场定位

☐ 高性价比的智能健身解决方案。

☐ 家庭健身的首选设备。

☐ 科技与健康的结合，提升生活品质。

二、线上营销策略

1. 社交媒体营销

☐ 短视频平台（抖音、快手、小红书）：通过短视频展示智能健身镜的使用场景和功能亮点，例如"AI 教练实时指导""家庭健身新体验"等，吸引用户关注。

☐ 健身达人大 V 合作：邀请知名健身教练或健身博主试用并分享体验，增强产品的真实性和可信度。

☐ 直播带货：在天猫、京东等电商平台直播间进行产品演示，实时解答用户疑问，促进销售转化。

2. 内容营销

☐ 发布健身相关的优质内容，例如"如何在家高效健身""AI 教练的优势"等，吸引目标用户关注。

☐ 在微信公众号、微博等平台发布用户故事和使用案例，增强情感共鸣。

3. 搜索引擎优化（SEO）

☐ 通过关键词优化，提高产品在搜索引擎中的排名，吸引更多潜在用户。

☐ 创建相关博客或文章，介绍智能健身镜的功能和优势。

4. 精准广告投放

☐ 在 Google Ads、百度推广等平台投放精准广告，针对关键词如"智能健身镜""家庭健身设备"等进行推广。

☐ 通过社交媒体广告定向投放，吸引目标用户群体关注。

三、线下活动策略

1. 体验活动

☐ 在大型商场、健身房或社区举办体验活动，让用户现场试用智能健身镜，感受其 AI 教练和互动功能。

☐ 设置互动环节，例如"AI 教练挑战赛"，吸引用户参与并分享体验。

2. 科技展会与活动

☐ 参加国际消费类电子产品展览会（CES）、科技博览会等展会，展示智能健身镜的创新功能，提升品牌知名度。

☐ 与科技媒体合作，邀请媒体报道和评测，扩大影响力。

3. 体验店设立

☐ 在一线城市设立体验店，提供产品试用和购买服务，增强用户体验感。

☐ 体验店可与健身房或高端社区合作，吸引潜在用户。

四、合作伙伴关系建立

1. 健身房与健身品牌合作

☐ 与知名健身房合作，推广智能健身镜作为家庭健身的补充方案，吸引健身房会员关注。

☐ 与健身品牌（如运动服装、器械品牌）合作，推出联名套餐或优惠活动。

2. 健康保险公司合作

☐ 与健康保险公司合作，为购买智能健身镜的用户提供健康保险优惠或积分奖励，增加用户吸引力。

3. 房地产开发商合作

☐ 与高端房地产开发商合作，将智能健身镜作为智能家居的一部分，嵌入精装房或样板间，提升楼盘附加值。

4. 科技与健康平台合作

☐ 与健康数据平台（如 Keep、MyFitnessPal）合作，实现数据互通，提升用户体验。

☐ 与智能家居平台（如小米生态链、华为鸿蒙）合作，融入智能家居生态系统。

五、联合推广与促销活动

1. 限时折扣与套餐优惠

☐ 推出"首发优惠价"或"限时折扣"，吸引早期用户购买。

☐ 推出"买一送一"或"套餐优惠"，例如购买智能健身镜赠送 AI 教练会员服务。

2. 积分与奖励计划

☐ 推出用户积分计划，用户购买或推荐产品可获得积分，积分可兑换课程或硬件配件。

3. 公益活动

☐ 举办"健康公益活动"，捐赠部分销售额用于支持社区健身活动，提升品牌形象。

通过以上策略的实施，智能健身镜可以迅速占领市场，提升品牌知名度和用户黏性，同时构建一个完整的智能健康生态系统，为未来的持续增长奠定基础。

8.2.3 运营流程

创业者还可以用 DeepSeek 生成详细的运营流程，确保投资者对项目的运营有清晰的了解。

提示词：

请详细描述项目的运营流程，包括生产、销售、客户服务等关键环节，确保投资者对项目的运营有清晰的了解。

输出结果：

智能健身镜项目运营流程

为了确保智能健身镜项目的顺利运营，以下是完整的运营流程，涵盖生产、销售、客户服务等关键环节：

一、生产流程

1. 原材料采购与供应链管理

☐ 与优质供应商合作，采购高性能硬件组件（如显示屏、传感器、芯片等）和软件开发工具。

☐ 确保供应链的稳定性和及时性，建立备货机制以应对需求波动。

2. 生产制造

☐ 在现代化生产线上进行产品组装、测试和包装。

☐ 严格的质量控制流程，确保每台智能健身镜符合技术标准和用户体验要求。

3. 质量检测与包装

☐ 产品经过严格的功能测试、外观检查和性能验证。

☐ 包装设计注重用户体验，提供清晰的使用说明和配件清单。

4. 仓储与物流

☐ 产品存放在现代化仓储中心，确保库存管理高效。

☐ 与优质物流公司合作，确保产品快速、安全地送到客户手中。

二、销售流程

1. 线上销售

☐ 电商平台：在天猫、京东、亚马逊等主流电商平台开设旗舰店，提供产品展示、预订和购买服务。

☐ 自有网站：建立品牌官网，提供详细的产品信息、用户评价和购买入口。

☐ 社交电商：在抖音、快手、小红书等平台通过直播带货、短视频推广等方式促进销售。

2. 线下销售

☐ 体验店：在一二线城市核心商圈设立体验店，提供产品试用和现场购买服务。

☐ 合作伙伴渠道：与健身房、高端社区、房地产开发商等合作，通过展示和推荐促进销售。

3. 促销活动

☐ 定期开展限时折扣、套餐优惠（如"买一送一"）、赠品活动等，吸引用户购买。

☐ 在节假日或大型体育赛事期间推出主题促销活动。

三、客户服务流程

1. 售前咨询

☐ 通过官网、客服热线、社交媒体等渠道提供专业的产品咨询。

☐ 提供详细的产品说明书和视频教程，帮助用户了解产品功能。

2. 售后服务

☐ 技术支持：提供 7×24 小时在线客服和技术支持，解决用户在使用过程中遇到的问题。

☐ 退换货服务：简化退换货流程，确保用户满意度。

☐ 保修服务：提供 1 年或更长的免费保修服务，涵盖硬件和软件问题。

3. 客户反馈与改进

☐ 定期收集用户反馈，分析产品使用中的问题和建议。

☐ 根据用户需求优化产品功能和用户体验。

四、数据化运营

1. 用户数据分析

☐ 通过智能健身镜收集用户使用数据（如使用频率、训练计划完成情况等），分析用户行为和偏好。

☐ 利用数据优化产品功能和推广策略。

2. 销售数据分析

☐ 定期分析销售数据，了解市场表现和用户需求变化。

☐ 根据销售数据调整生产和库存策略。

3. 客户关系管理（CRM）

☐ 建立客户数据库，记录用户信息和购买历史。

☐ 通过个性化推荐和优惠活动提升客户忠诚度。

五、持续优化与创新

1. 产品迭代

☐ 定期更新软件功能，增加新课程、新功能（如社交互动功能）。

☐ 根据市场需求推出不同型号的产品（如高端版、入门版）。

2. 技术创新

☐ 持续投入研发，提升 AI 算法的准确性和用户体验。

☐ 探索与其他智能设备（如智能手表、智能家居设备）的互联互通。

3. 市场反馈与调整

☐ 根据市场反馈及时调整运营策略。

☐ 与用户保持紧密沟通，确保产品和服务始终满足市场需求。

通过以上运营流程的实施，智能健身镜项目将实现高效、可持续的运营模式，确保产品质量、用户体验和市场竞争力，为投资者创造长期价值。

8.3 财务规划

8.3.1 财务预测

基于历史数据和市场分析，DeepSeek 能够进行财务预测，包括收入预测、成本预测、利润预测等，帮助创业者和投资者了解项目的财务前景。

提示词：

请基于去年 200 万元收入的财务数据，基于前文的市场分析内容，生成未来 10 年的收入预测，前两年收入增速极快，第 1 年 300%，第 2 年 100%，后来收入增速放缓，到第 10 年大概 3%。

输出结果：

好的，我将基于去年的收入数据（200 万元）和您的要求，生成未来 10 年的收入预测。根据您的说明，前两年收入增速极快，第 1 年增长 300%，第 2 年增长 100%，之后每年增速逐步放缓，到第 10 年增速约为 3%。

以下是详细的收入预测表：

年份	增速	收入（万元）
2024 年	–	200
2025 年	300%	800
2026 年	100%	1600
2027 年	50%	2400
2028 年	30%	3120
2029 年	20%	3744
2030 年	15%	4306
2031 年	10%	4737
2032 年	8%	5116
2033 年	5%	5372
2034 年	3%	5533

说明

1）2025 年：收入增长 300%，即 200 万元 ×4 = 800 万元。

2）2026 年：收入增长 100%，即 800 万元 ×2 = 1600 万元。

3）2027 年：收入增长 50%，即 1600 万元 ×1.5 = 2400 万元。

4）2028 年：收入增长 30%，即 2400 万元 ×1.3 = 3120 万元。

5）2029 年：收入增长 20%，即 3120 万元 ×1.2 = 3744 万元。

6）2030 年：收入增长 15%，即 3744 万元 ×1.15 ≈ 4306 万元。

7）2031 年：收入增长 10%，即 4306 万元 ×1.10 ≈ 4737 万元。

8）2032 年：收入增长 8%，即 4737 万元 ×1.08 ≈ 5116 万元。

9）2033 年：收入增长 5%，即 5116 万元 ×1.05 ≈ 5372 万元。

10）2034 年：收入增长 3%，即 5372 万元 × 1.03 ≈ 5533 万元。

通过以上预测，可以看出收入在前两年快速增长后，增速逐渐放缓，到第 10 年（2034 年）达到约 5533 万元。

8.3.2 融资需求

明确项目的融资用途，是财务规划模块的重要内容。DeepSeek 可以帮助创业者生成详细的融资需求。

提示词：

项目要融资 500 万元，请生成项目资金的用途分配。

输出结果：

资金分配方案

根据您的要求，我将为融资 500 万元的项目生成资金用途分配建议。以下是详细的资金分配方案：

项目	金额（万元）	占比	用途说明
研发投入	150	30%	用于产品开发、技术创新、专利申请及相关技术支持
市场和销售	125	25%	包括市场推广、广告投放、销售渠道建设及客户获取成本
运营成本	100	20%	覆盖日常运营开支，如租金、人员工资、物流及行政费用等
管理费用	50	10%	用于公司管理、财务审计、法律顾问及相关行政开支
风险准备金	75	15%	作为应急储备，用于应对可能出现的突发风险或项目延期等不确定性因素

说明

1）研发投入（30%）：重点放在产品或服务的核心竞争力上，确保技术领先或产品迭代。

2）市场和销售（25%）：用于扩大市场占有率和提升品牌知名度，确保产品能够顺利进入市场。

3）运营成本（20%）：保障日常运营的稳定性和持续性。

4）管理费用（10%）：确保公司管理的规范性和合规性。

5）风险准备金（15%）：用于应对不可预见的风险，确保项目能够平稳运行。

希望以上分配方案对您有所帮助！

8.4　实战案例：智能健身镜商业计划落地方案制定

前面从商业计划书的角度介绍了如何利用 DeepSeek 生成不同模块的内容，但商业计划不仅仅服务于融资，还服务于落地，本案例将讲解如何利用 DeepSeek 生成商业计划的落地方案，注意这是模拟案例，输出内容仅为提取关键信息后的示例。

8.4.1　案例背景

某新兴智能健身品牌计划推出一款高端 AI 健身镜产品，主打"居家私教级健身体验"，需在 6 个月内完成市场定位、渠道策略及推广方案的全链路设计。

核心挑战：

❏ 市场竞争激烈（竞品如 Mirror、FITURE 已占先发优势）。

❏ 目标人群需求模糊（家庭健身场景与专业健身人群）。

❏ 推广预算有限（需精准分配资源）。

8.4.2　案例目标

通过 DeepSeek 完成以下内容：

❏ 市场洞察：挖掘未被满足的用户痛点与市场机会。

❏ 产品定位：建立差异化竞争策略。

❏ 渠道策略：匹配高 ROI 的渠道组合。

❏ 推广方案：生成可落地的创意内容与传播计划。

8.4.3　分步骤解析：DeepSeek 流程赋能

1. 市场洞察，穿透数据迷雾

1）操作过程：

❏ 输入提示词：请进行中国智能健身镜市场近 3 年增长率、用户画像、TOP3 竞品核心卖点的分析对比（附件可附上相关资料）。

❏ 输入提示词：请根据附件内容分析未满足的居家健身用户需求（附件为社交媒体评论＋电商差评分析）。

❏ 示例输出：

● 关键数据：市场年增长率 28%，但退货率高达 15%（主因：内容枯燥、交互迟钝）。

● 机会点：

■ 未被满足需求：家庭多人共享账号功能（35% 用户提及）。

■ 差异化机会：游戏化健身课程（竞品覆盖率仅 20%）。

2）团队动作：

根据 DeepSeek 报告调整产品策略，新增"家庭运动社交模式"与"闯关式健身游戏"功能。

2. 智能定位，竞品降维打击策略

1）操作过程：

☐ 输入提示词：请将本项目健身镜和 Mirror 以及 FITURE 进行对比，包括硬件参数、内容生态、定价策略（可附上竞品资料作为附件）。

☐ 输入提示词：请基于竞品弱点＋用户需求，输出 3 条差异化定位建议。

☐ 示例输出：

● 定位选项："全家人的游戏健身房"。

（优势：覆盖亲子、情侣、银发群体，与竞品"专业健身"定位形成错位竞争。）

● 支撑点：独有双人 PK 模式、儿童体态纠正课程、家庭运动积分体系。

2）团队动作：

选择定位"全家人的游戏健身房"，并基于 DeepSeek 的建议设计"30 天家庭运动挑战赛"营销活动。

3. 渠道策略，ROI 预测模型

1）操作过程：

☐ 请分别进行抖音信息流、小红书 KOC、线下体验店的 CPA、转化率预测。

☐ 请制定 500 万元预算的分配方案（要求新客获取成本小于 800 元）。

☐ 示例输出：

● 线下：在高端商场设"沉浸式体验舱"（预测体验转化率 38%）。

● 线上：小红书腰部 KOC 晒"家庭运动 vlog"＋抖音挑战赛（全家健身段位赛）。

● 预算分配：线下体验 35%＋社交内容 50%＋效果广告 15%。

2）团队动作：

按 DeepSeek 的建议与万象城签订快闪店协议，并提前生成 200 条短视频脚本库。

4. 推广落地，内容工厂

1）操作过程：

☐ 输入提示词：围绕"家庭游戏健身房"主题，生成 1 个营销大事件＋3 周传播节奏。

❑ 输入提示词：请生成 10 条小红书文案模板 + 5 个抖音剧情脚本（突出祖孙三代使用场景）。

❑ 示例输出：

● 爆点活动："把奥运冠军请回家"联动 IP。

（通过 AR 功能让用户与虚拟运动员同屏竞技。）

● 内容示例：

"奶奶的瑜伽课与孙子的街舞 battle，这面镜子让我家变成了综艺现场！"

2）团队动作：

采用 AR 联动创意，签约退役运动员，并自动生成 500 组个性化推广文案。

8.4.4　实战效果

效果评价示例：

❑ 上市首月销量达成目标的 [X]%，家庭客群占比达 [X]%。

❑ 用户净推荐值（NPS）达 [X]，远超行业平均 [X]。

❑ 小红书自然流量占比 [X]%。

|第 9 章| C H A P T E R

用 DeepSeek 高效政务办公

　　一些政府机构的工作人员每天都面临着大量政策性文本、公文及项目方案的处理需求。本章就聚焦于这些需求，为读者介绍如何利用 DeepSeek 高效完成政策文本分析与总结、公文撰写、政府项目方案设计等常见任务。

9.1　政策文本分析与总结

　　DeepSeek 能够快速解析和总结大量政策文件，提取其中的关键信息和核心要点。这一功能特别适用于需要处理海量政策文本的场景，例如政策法规的整理、行业趋势的分析等。通过自动化处理，政府工作者可以显著提升工作效率，避免手动分析的烦琐和耗时。下面是一些提示词模板（部分政策文件名为虚构，仅供示例使用）。

9.1.1　政策要点精准提取

　　可以使用 DeepSeek 自动识别政策文件中的核心条款、责任主体和时间节点，并分类、有序地呈现这些信息。

提示词：

请解析《××市 2023 年智慧城市建设实施方案》，提取涉及政府部门职责分工的内容，按住建局、大数据局、财政局分类呈现关键任务和完成时限。

9.1.2　新旧政策对比分析

DeepSeek 能自动标注政策修订差异点，通过版本比对功能快速识别政策导向变化，生成可视化对比报告。

提示词：

对比《优化营商环境条例》2019 版与 2023 修订版，用表格形式展示市场主体保护章节的变化内容，标注新增条款和删除条款。

9.1.3　政策趋势智能预测

可以让 DeepSeek 基于历史训练过的政策文本及联网信息，预判未来政策走向。

提示词：

分析近五年长三角区域环保政策高频词汇，预测 2025 年重点监管领域，要求按大气治理、固废处理、碳交易三个方向输出概率分布图。

输出结果：

根据搜索结果中涉及的政策文件、行业报告及市场数据，结合长三角区域环保政策特点，对近五年环保政策高频词汇进行梳理，并基于 2025 年政策趋势预测重点监管领域的概率分布，具体如下：

一、高频词汇分析

1. 大气治理

❑ 高频词：PM2.5 年均浓度、优良天数增长率、脱硫脱硝技术、低氮燃烧技术、VOCs 治理、清洁能源替代。

❑ 政策依据：2024 年开封市大气污染治理取得突破，PM2.5 年均浓度改善率进入全省第一方阵；国家推动高效脱硫脱硝技术应用，强化重点行业减排。

2. 固废处理

❑ 高频词：垃圾分类、废弃物循环利用、垃圾焚烧发电、填埋场污染控制、再生资源回收。

❑ 政策依据：2024 年国务院办公厅发布《国务院办公厅关于加快构建废弃物循环利用体系的意见》，住建部出台多项生活垃圾处理技术标准，强调垃圾焚烧和资源化利用。

3. 碳交易

❑ 高频词：碳排放配额、碳市场覆盖范围、清缴完成率、碳价上涨、碳核算体系。

❑ 政策依据：2024 年全国碳市场配额成交额达 181.14 亿元，创历史新高；生态环境部计划扩大碳市场覆盖行业，强化配额清缴管理。

二、2024 年重点监管领域概率分布

概率分布图（文字描述）

领域	概率	核心监管方向
大气治理	35%	PM2.5 与臭氧协同控制、工业源 VOCs 深度治理、燃煤锅炉超低排放改造
固废处理	35%	垃圾分类强制实施、建筑垃圾资源化、危险废物全流程监管
碳交易	30%	扩大碳市场覆盖行业（如钢铁、建材）、强化数据核查与清缴合规性

三、预测依据与趋势解读

1. 大气治理

❑ 驱动力：长三角区域 PM2.5 浓度仍高于国家标准，叠加臭氧污染问题突出，政策将持续推动工业源深度治理和清洁能源替代。2024 年开封市 PM2.5 改善案例显示，技术升级（如烟气余热回收）是关键。

❑ 新增方向：移动源污染（如柴油货车）和非道路机械排放监管可能强化。

2. 固废处理

❑ 驱动力："无废城市"试点扩展至长三角核心城市，政策要求 2025 年生活垃圾回收利用率达 35%。住建部发布的《垃圾清运工职业技能标准》等文件，推动行业规范化。

❑ 新增方向：电子废弃物拆解和生物质废弃物利用或成新热点。

3. 碳交易

❑ 驱动力：全国碳市场 2024 年成交额同比增长显著，长三角作为高排放产业集中区，将面临更严格的配额分配与核查。生态环境部明确将钢铁、水泥等行业纳入下一阶段扩容计划。

❑ 新增方向：碳金融产品创新（如碳质押融资）和区域碳市场联动机制探索。

四、结论

2025 年长三角环保监管将呈现"大气与固废并重，碳交易加速落地"的特点。建议地方政府和企业优先布局高效治污技术、固废资源化项目及碳资产管理能力建设，以应对政策趋严带来的挑战与机遇。

9.1.4 执行细则自动生成

根据上级政策要求自动生成适配本级政府实际情况的实施细则，确保政策落地合规性。

提示词：

依据《省级科技创新券实施管理办法》第三章内容，为地级市科技局制定实施细则，需包含申领对象资质审核流程、兑付周期设置、违规使用处罚标准三个模块。

9.1.5　政策影响量化评估

可以用 DeepSeek 构建行业影响评估矩阵，自动测算政策调整对特定领域产生的经济与社会效益。

提示词：

量化评估《新型城镇化建设规划》对县域经济的影响，要求建立包含人口流动、基建投资、公共服务三个维度的评估模型，输出五年期预测数据表。

9.1.6　多源文件关联分析

可以用 DeepSeek 自动建立跨部门政策文件的逻辑关联，识别政策体系中的协同与冲突条款。

提示词：

关联分析《××产业结构调整指导目录》与《××行业碳排放标准》，找出鼓励类产业中碳排放要求存在冲突的细分行业条目。

9.2　公文撰写

本节将介绍 DeepSeek 在不同的公文撰写场景下的价值。

9.2.1　法定公文标准化生成

对于通知、报告、请示、函、纪要等法定文种，DeepSeek 可以基于过去学习过的相应文种规范，生成对应文种的内容。

提示词：

以 ×× 省教育厅名义起草《关于做好寒假校园安全工作的通知》，要求包含防火检查、值班制度、突发事件预案三部分，用"一、二、三"条目式表述，结尾添加联系人王某某及其电话 123-45678901。

输出结果：

关于做好寒假校园安全工作的通知

各市教育局、各高等学校：

为切实做好寒假期间校园安全工作，确保校园安全稳定，现就有关事项通知如下：

一、加强防火检查，消除安全隐患

1. 各学校要全面开展防火安全检查，重点排查宿舍、实验室、图书馆等人员密集场所的火灾隐患。

2. 确保消防设施设备完好有效，畅通消防通道，严禁占用或堵塞。

3. 对检查中发现的问题，要及时整改并建档备案，明确整改责任人和时限。

二、严格落实值班制度，确保信息畅通

1. 寒假期间，各学校要安排专人 24 小时值班，确保领导带班、干部值班制度落实到位。

2. 值班人员要坚守岗位，保持通信畅通，遇有突发事件要及时妥善处理并上报。

3. 加强值班记录管理，确保值班信息准确完整，便于追溯和查询。

三、完善突发事件预案，提升应急能力

1. 各学校要结合实际情况，修订完善寒假期间突发事件应急预案，明确处置流程和责任分工。

2. 定期组织应急演练，提升师生应急处置能力，确保关键时刻能够快速反应、有效应对。

3. 加强应急物资储备，确保突发事件发生时能够及时调用。

联系人：王某某

联系电话：123-45678901

××省教育厅

2025 年 2 月 13 日

9.2.2　事务文书场景化创作

DeepSeek 支持处理工作总结、调研报告、实施方案等长文本公文。对于数据类的内容，如直接作为附件提供或作为文本输入，需要认真核对 AI 生成的内容是否与真实数据相符。此外，也可以先让 DeepSeek 生成虚拟数据，然后依照生成后的模板改写相应数据。

提示词：

生成××市市场监管局 2024 年度工作总结框架，要求突出"营商环境优化""食品安全专项整治""智慧监管平台建设"三大板块，每部分包含 3 ～ 5 个量化成果（如检查企业数、整改率、系统覆盖率），结尾附存在问题与 2025 年计划表。量化指标和表格中的内容空出来让我填写。

输出结果：

××市市场监管局 2024 年度工作总结框架

一、引言

简要概述 2024 年度工作总体情况，明确总结的核心内容和意义。

二、主要工作成效

（一）营商环境优化

1. 企业开办效率提升

☐ 新设企业数量：_____家

☐ 平均开办时间：_____个工作日

☐ 线上开办率：_____%

2. 市场秩序规范

☐ 检查企业数量：_____家

☐ 发现问题数量：_____个

☐ 整改完成率：_____%

3. 企业服务满意度提升

☐ 企业满意度调查参与率：_____%

☐ 满意度提升幅度：_____%

（二）食品安全专项整治

1. 专项整治行动开展情况

☐ 检查食品生产经营企业数量：_____家

☐ 发现问题数量：_____个

☐ 整改完成率：_____%

2. 食品安全抽检情况

☐ 抽检食品批次：_____批次

☐ 不合格食品发现率：_____%

☐ 不合格食品处置率：_____%

3. 食品安全宣传与培训

☐ 组织培训场次：_____场

☐ 参与企业数量：_____家

☐ 宣传覆盖人群：_____人次

（三）智慧监管平台建设

1. 平台建设与推广

☐ 平台覆盖率：_____%

☐ 接入企业数量：＿＿＿＿＿＿家

2. 智慧监管成效

☐ 通过平台发现违法违规行为数量：＿＿＿＿＿＿个

☐ 处理案件数量：＿＿＿＿＿＿件

☐ 平台数据采集量：＿＿＿＿＿＿条

3. 系统功能优化

☐ 新增功能模块：＿＿＿＿＿＿个

☐ 用户满意度：＿＿＿＿＿＿%

三、存在问题

1. 营商环境优化方面

☐ 企业服务资源分配不均

☐ 部分企业对政策理解不足

2. 食品安全专项整治方面

☐ 专项整治覆盖面有限

☐ 食品抽检覆盖率有待提高

3. 智慧监管平台建设方面

☐ 平台功能需进一步完善

☐ 用户培训力度不足

四、2025 年工作计划

工作内容	具体措施	目标
营商环境优化	深化"放管服"改革，优化企业开办流程	新增企业开办时间缩短＿＿＿＿＿＿%
食品安全专项整治	加大对重点区域和重点环节的抽检力度，提升专项整治覆盖面	抽检覆盖率提升至＿＿＿＿＿＿%
智慧监管平台建设	推进平台功能升级，强化数据分析能力	平台覆盖率提升至＿＿＿＿＿＿%

五、结语

总结 2024 年度工作成果，展望 2025 年工作目标，表达持续优化市场监管工作的决心。

注：以上框架中，量化指标和表格内容请根据实际情况填写。

9.2.3 智能改写与优化

DeepSeek 可以根据用户的实际需求，对内容进行各种形式的改写和优化。

提示词：

将会议决议"原则上同意项目开展"改为正式公文表述，须符合"重大决策类文件"语体，补充"经党组会研究""符合××发展规划"等规范性表述。

输出结果：

经研究同意，该项目符合××发展规划。现批复如下：

经党组会研究，原则上同意该项目开展。请按照相关程序推进实施。

（此复）

9.3　政府项目方案设计

政府机构的相关工作人员往往要参与各种类型的政府项目，DeepSeek 可以完成民生工程、基建项目、产业扶持等全类型方案的结构化生成，帮助用户提升方案设计效率。

9.3.1　民生项目规划方案

覆盖场景：老旧小区改造、社区养老设施建设、公共文化服务提升等。

提示词：

生成《××街道老旧住宅电梯加装实施方案》，要求包含居民意见征询流程图（附线上投票系统接入说明）、财政补贴阶梯计算表（按楼层高度分 5 级补贴标准）、施工期间临时安置方案。

输出结果：

以下为《××街道老旧住宅电梯加装实施方案》框架及核心内容，可根据实际需求调整补充。

××街道老旧住宅电梯加装实施方案

一、工作目标

推动老旧住宅适老化改造，解决居民出行难题，提升居住品质。通过政府引导、居民共商、财政补贴、规范施工等方式，实现电梯加装工作有序推进。

二、居民意见征询流程

1.流程图

复制

启动征询 → 组建业主代表小组 → 公示初步方案 → 线上线下意见征集 → 投票表决 → 结果公示 → 提交备案
└──────意见反馈修正──────┘

2. 线上投票系统接入说明

☐ **系统选择**：接入"××市智慧社区服务平台"投票模块（须街道办统一申请开通）。

☐ **账号注册**：业主凭身份证、房产证信息实名注册，系统自动匹配楼栋信息。

☐ **投票方式**：通过微信公众号 / 小程序进入投票页面，支持同意、反对、弃权选项。

☐ **技术保障**：街道安排专人负责系统维护，投票数据加密存储，过程可追溯。

☐ **特殊人群服务**：对无法线上操作的人群，由社区网格员协助纸质投票录入。

三、财政补贴阶梯计算表

楼层分级	补贴标准（元 / 台）	补贴比例	备注
1、2 层	0	0%	原则上不享受补贴
3 层	20000	15%	须满足单元全体业主同意
4 层	35000	25%	
5 层	50000	35%	
6 层及以上	65000	45%	封顶补贴金额

说明：

☐ 总补贴金额不超过电梯建设费用的 50%。

☐ 补贴分两期发放：开工后支付 50%，验收合格后支付剩余 50%。

四、施工期间临时安置方案

1. 安置方式

☐ **自行租房补贴**：按户发放每日 150 元临时安置费（凭租房合同申领）。

☐ **集中安置点**：街道协调周边空置公租房，优先安排 70 岁以上老人及残障家庭。

☐ **错峰施工**：保留至少 1 部楼梯通道，分时段暂停施工保障基本通行。

2. 施工管理

☐ **工期控制**：单台电梯施工周期不超过 90 天（含管线迁移）。

☐ **安全保障**：设置全天候监控及安全围挡，购买第三方施工责任险。

☐ **噪声管控**：工作日施工时间限定为 8：30—12：00、14：00—18：00。

五、责任分工

责任主体	职责内容
街道办	统筹协调、补贴审核、施工监管
社区居委会	组织业主协商、意见征询、矛盾调解
电梯供应商	提供"设计—报建—安装—维保"一体化服务
业主委员会	资金筹集、施工监督、后续管理规则制定

六、附则

1. 本方案自发布之日起试行，有效期 3 年；

2. 电梯建成后产权归本单元业主共有，维护费用由业主协商分摊；

3. 争议解决机制：由街道司法所牵头成立专项调解小组。

×× 街道办事处

202× 年 × 月 × 日

附件：

1.《电梯加装业主意见征询表（范本）》

2.《施工安全责任承诺书》

3. 街道加装工程咨询专线：×××-×××××××

可根据实际需求补充技术规范、设计图纸等专业文件。

9.3.2　基础设施建设方案

覆盖场景：交通路网规划、智慧城市项目、水利工程等。

提示词：

编制《城区智能停车平台建设方案》技术标部分，需含物联网设备选型对比（地磁传感器 vs 视频识别）、数据安全架构说明、社会资本合作模式（PPP/BOT 可行性分析）。

输出结果：

以下为《城区智能停车平台建设方案》技术标部分的编制框架，涵盖物联网设备选型对比、数据安全架构及社会资本合作模式分析。

一、物联网设备选型对比分析

地磁传感器与视频识别技术对比

对比维度	地磁传感器	视频识别技术
检测原理	通过磁场变化检测车辆存在状态	基于 AI 视觉算法识别车牌及车位状态
安装复杂度	低（埋入式安装，无须布线）	高（需部署摄像头、网络及供电系统）
单点成本	低（约 500 ～ 1000 元 / 车位）	高（约 3000 ～ 5000 元 / 点位，含算力设备）
环境适应性	受金属干扰、极端温度影响较大	受光照、雨雪、遮挡影响，需算法优化
数据准确性	95% ～ 98%（静态检测）	98% ～ 99%（动态跟踪，支持车型分类）
扩展功能	仅检测车位状态	支持违停监控、车牌识别、反向寻车等功能
维护成本	低（电池寿命 3 ～ 5 年）	高（需定期清洁镜头、算法迭代）

选型建议：

❑ 露天停车场 / 路边泊位：优先采用地磁传感器（低成本、易维护）。

- ☐ 地下车库 / 重点监管区域：选择视频识别技术（功能扩展性强）。
- ☐ 混合部署方案：核心区域视频识别＋普通区域地磁传感器，平衡成本与效能。

二、数据安全架构设计

1. 总体架构分层

- ☐ 物理层安全：设备端加密芯片（如可信执行环境）＋防篡改设计。
- ☐ 传输层安全：采用 TLS/SSL 协议加密数据传输，部署 VPN 专网通道。
- ☐ 平台层安全：
  - 数据存储：分布式加密存储（AES-256）＋定期备份至政务云。
  - 数据脱敏：车牌号等敏感信息采用哈希算法匿名化处理。
- ☐ 访问控制：
  - 基于 RBAC（基于角色的访问控制）的多级认证体系。
  - 政府端与企业端数据隔离，开放 API 需通过网关鉴权。

2. 隐私保护合规性

- ☐ 符合《中华人民共和国网络安全法》《中华人民共和国个人信息保护法》要求；
- ☐ 用户数据采用最小化采集原则，留存周期不超过 30 天；
- ☐ 通过等保三级认证，定期开展渗透测试与安全审计。

三、社会资本合作模式（PPP/BOT 可行性分析）

1. 模式对比

模式	PPP（政府与社会资本合作）	BOT（建设—运营—移交）
优势	风险共担，政府财政压力小；长期服务质量可控	企业主导效率高，收益权明确
劣势	合同周期长（15 ~ 20 年），管理复杂度高	政府需让渡经营权，需评估后期移交风险
适用性	财政资金有限，需技术与管理深度协同的项目	需求明确、收益稳定的高流量区域

2. 实施路径

- ☐ 方案设计阶段：政府主导规划，明确停车费率、数据归属权等核心条款。
- ☐ 招标与谈判：引入具备智慧城市经验的头部企业（如海康威视、阿里云等）。
- ☐ 协议框架：
  - 收入分成：停车费 80% 归企业，20% 用于市政维护。
  - 退出机制：运营期满后无偿移交政府，或协商续约。

❏ 风险防控：设置最低车流量收益担保，避免企业因亏损中止服务。

四、实施保障建议

❏ 政策配套：出台《智慧停车管理条例》，明确各方权责。

❏ 试点先行：选择 1 或 2 个街道开展 6 个月试运行，优化技术方案。

❏ 公众参与：通过 App 公示数据使用范围，建立用户反馈渠道。

结语：本方案通过技术经济性比选、分层安全防护及灵活合作模式设计，可实现城区停车资源高效利用与可持续运营，建议采用"视频＋地磁混合部署＋PPP 模式"作为落地路径。

9.3.3　产业扶持专项方案

覆盖场景：科技创新园区规划、中小企业孵化器建设、特色农业扶持等。

提示词：

设计《乡村振兴冷链物流补助方案》，要求建立申报企业评分模型（年营业额 40%、带动就业 30%、设备数字化水平 30%），自动生成补贴资金计算公式（基准补贴额 × 区域系数 × 产业类型系数）。

输出结果：

乡村振兴冷链物流补助方案

一、申报企业评分模型设计

（总分 100 分，权重分配）

1. 年营业额（40 分）

按企业上年度冷链物流相关业务收入分档评分：

❏ 5 亿元以上：40 分

❏ 3 亿～5 亿元：35 分

❏ 1 亿～3 亿元：30 分

❏ 5000 万～1 亿元：25 分

❏ 3000 万～5000 万元：20 分

❏ 1000 万～3000 万元：15 分

❏ 500 万～1000 万元：10 分

2. 带动就业（30 分）

按签订正式劳动合同的冷链从业人员数量评分：

❏ 200 人以上：30 分

❏ 150～200 人：25 分

❏ 100～150 人：20 分

- ☐ 50 ~ 100 人：15 分
- ☐ 30 ~ 50 人：10 分
- ☐ 10 ~ 30 人：5 分

3. 设备数字化水平（30 分）

- ☐ 智能仓储系统：10 分
- ☐ 冷链运输 GPS/ 物联网覆盖率：8 分
- ☐ 温湿度自动监测系统：7 分
- ☐ 数据对接政府监管平台：5 分

二、补贴资金计算公式

补助金额 = 基准补贴额 × 区域系数 × 产业类型系数

计算要素	分档标准	系数 / 金额
基准补贴额	根据企业评分结果分级： 90 分以上 / 80 ~ 89 分 / 70 ~ 79 分 / 60 ~ 69 分 / 60 分以下	200 万元 / 150 万元 / 100 万元 / 50 万元 / 0 元
区域系数	国家级贫困县	1.5
	省级乡村振兴重点县	1.3
	其他农村地区	1.0
	县城及城市郊区	0.8
产业类型系数	生鲜农产品冷链	1.2
	畜禽产品冷链	1.1
	水产品冷链	1.0
	加工食品冷链	0.9
	医药冷链	0.8

计算示例：

某生鲜冷链企业评分 85 分（基准补贴额 150 万元），位于省级乡村振兴重点县（区域系数 1.3），则：

补助金额 = 150 万元 × 1.3 × 1.2 = 234 万元

关键设计逻辑说明：

1）阶梯式补贴：评分越高则基准补贴额越高，强化企业升级动力。

2）政策倾斜机制：

- ☐ 区域系数：贫困地区补贴最高可达城市郊区的 2.44 倍（1.5/0.8 × 1.2/0.8）。
- ☐ 产业系数：生鲜农产品补贴强度比医药冷链高 50%（1.2/0.8）。

3）自动校准：公式化计算避免人为干预，系数可动态调整以匹配政策导向。

三、实施机制

☐ 动态调整机制：每年根据物价指数调整基准补贴额。

☐ 审计监管：要求企业安装政府监管数据接口。

☐ 绩效评估：对获补企业进行三年跟踪评估。

☐ 负面清单：近三年有重大安全事故的企业取消资格。

四、申报材料清单

☐ 冷链业务专项审计报告；

☐ 员工社保缴纳证明；

☐ 设备数字化水平第三方认证；

☐ 冷链运输线路规划图；

☐ 农产品助农合作协议。

本方案通过量化评分确保资金分配的公平性，双重系数设计体现政策导向性，动态机制保障实施灵活性，助力乡村振兴战略在冷链物流领域的有效落地。

用 DeepSeek 高效处理法律事务

本章将从法律检索、案例分析、合同处理辅助三个方面介绍 DeepSeek 对于法务工作的赋能。

10.1 法律检索

在法律检索方面，DeepSeek 可以实现各种类型的法律任务的检索，包括法规解读类、案例信息类和法律风险评估类。下面依次举例说明。

10.1.1 法规解读类检索

用 DeepSeek 进行法规解读类检索的示例如下。

提示词：

根据 2021 年颁布的《数据安全法》[⊖]，解析企业在处理个人信息时应遵循的主要原则，并给出具体操作建议。

⊖ 《中华人民共和国数据安全法》的简称，下同。

输出结果：

《数据安全法》中企业处理个人信息的原则及操作建议

一、处理个人信息的基本原则

1）合法合规原则：企业处理个人信息必须遵守相关法律法规，确保数据处理活动合法合规。

2）保护个人信息原则：在处理个人信息时，必须严格遵守规定，经过相关授权或许可，确保个人信息的安全。

3）数据精准性原则：数据应准确、完整、实时、不重复，不符合规定的数据需及时处理。

4）国家安全原则：处理个人信息时需维护国家主权、安全和发展利益。

5）促进数据利用原则：在保障数据安全的前提下，鼓励和促进数据的合理有效利用。

二、企业合规操作建议

1. 制定内部管理制度：企业应根据《数据安全法》和《个人信息保护法》⊖的要求，制定内部数据处理和保护的规章制度。

2. 分类管理：对个人信息进行分类管理，明确不同类别数据的保护措施和处理权限。

3. 采取安全技术措施：企业应采取必要的技术措施，如数据加密、访问控制等，确保个人信息的安全。

4. 数据出境管理：涉及数据出境的企业需遵守相关法律法规，确保数据出境安全。

5. 指定个人信息保护负责人：企业应指定专门的个人信息保护负责人，负责监督和管理个人信息处理活动。

6. 员工培训和意识提升：定期对员工进行数据安全和个人信息保护的培训，提升全员的数据安全意识。

7. 定期合规评估：企业应定期对数据处理活动进行合规性评估，及时发现和整改问题。

三、法律依据和实施时间

1. 法律依据：《数据安全法》作为数据领域的基础性法律，明确了数据处理活动的基本规范和要求。

2. 实施时间：《数据安全法》自 2021 年 9 月 1 日起施行，企业需在此之后严

⊖ 《中华人民共和国个人信息保护法》的简称，下同。

格遵守相关法律法规。

四、总结

企业处理个人信息时，需严格遵守《数据安全法》和《个人信息保护法》的相关规定，确保数据处理活动的合法合规，同时采取有效措施保护个人信息安全，促进数据的合理利用，维护国家主权和企业自身利益。

10.1.2 案例信息类检索

用 DeepSeek 进行案例信息类检索的示例如下。

提示词：

请搜索近五年内关于商标侵权案件中"混淆可能性"标准的具体判例，并提供两个案例的关键要点摘要。

输出结果：

近五年商标侵权案件中"混淆可能性"标准的具体判例及关键要点摘要

判例摘要

1. Vuitton Malletier vs Dooney & Bourke

该案件是美国法院审理商标侵权和商标淡化的重要案例。法院在判断混淆可能性时，重点分析了商标的近似性以及市场混淆的可能性，为后续案件提供了参考框架。

2. "百利本能" 商标侵权案

本案中，法院认定被告在相同商品上使用近似商标，但并未直接认定侵权，而是进一步审查是否导致市场混淆。法院综合考虑了商品的相似性和消费者可能产生的混淆。

关键要点

1. 混淆可能性的定义

混淆可能性是指消费者在看到侵权商标时，可能误认为该商品或服务来源于注册商标权利人。美国法院采用多因素检测法来判断混淆可能性，包括商标的近似性、商品的相似性、消费者的认知等因素。

2. 混淆的类型

❏ 直接混淆：消费者直接将侵权商标与注册商标混淆。

❏ 间接混淆：消费者可能认为侵权商标与注册商标存在某种关联。

3. 影响混淆判断的因素

❏ 商标近似性：包括视觉、听觉和概念上的近似。

❏ 商品或服务的相似性：商品或服务的类别、用途和价格等因素。

❑ 消费者认知：普通消费者的一般记忆力和识别能力。

4. 司法实践中的差异

不同法院在判断混淆可能性时可能采用不同的标准，导致实践中存在差异。法院通常会结合具体案件情况，综合考虑多种因素。

5. 平衡保护与竞争

在商标侵权案件中，法院需要平衡保护商标注册人权益与促进市场良性竞争的关系，避免过于严苛的标准影响小微企业发展。

总结近五年的商标侵权案件，混淆可能性的判断主要依赖多因素检测法，包括商标近似性、商品相似性、消费者认知等因素。法院在具体案件中会综合考虑这些因素，以确定是否存在市场混淆的可能性。

10.1.3 法律风险评估类检索

用 DeepSeek 进行法律风险评估类检索的示例如下。

提示词：

研究《环境保护法》[⊖]的相关案例，特别是涉及工业废物处理的案例，为客户提供合规处理建议，以降低潜在的法律风险。

输出结果：

工业废物处理的法律依据与合规要求

法律法规解读

❑《环境保护法》：根据《环境保护法》，企业需采取措施防止污染，妥善处理工业废物，确保符合国家环境保护标准。

❑《固废法》[⊖]:《固废法》明确了管理目标、适用范围、管理规范、执行流程及监督机制，旨在降低环境影响。

企业责任与义务

❑ 污染防治责任：

● 企业责任：企业必须依法处理工业废物，采取防止污染的措施，确保废物处理符合相关法律法规。

● 合规处理要求：企业需按照相关标准贮存、利用和处置工业废物，避免环境污染。

⊖ 《中华人民共和国环境保护法》的简称，下同。
⊖ 《中华人民共和国固体废物污染环境防治法》的简称，下同。

违法处理的法律责任

❏ 行政处罚：

- 贮存工业固体废物未采取防护措施：根据新《固废法》，企业可能面临 10 万元~ 100 万元的罚款。
- 非法处置危险废物：企业可能面临刑事处罚和高额罚款，具体案例中涉及非法倾倒危险废物的犯罪行为被依法惩处。

合规建议

❏ 技术与管理：

- 科学处理技术：采用符合法规的危险废物处理技术，确保处理过程安全环保。
- 全链条管理：对从废物产生到处置的全链条进行合规管理，避免非法收购、处置和冶炼行为。

监督与执行

❏ 内部合规机制：建立完善的内部监督机制，确保废弃物处理符合法律法规要求。

❏ 定期检查与培训：定期进行环境合规检查和员工培训，增强员工的环保意识和法律意识。

典型案例分析

❏ 危险废物非法处置案例：

河北省衡水市乔某等人非法处置废旧电瓶污染环境案：案例中，违法行为人因非法处置危险废物被追究刑事责任，体现了法律的严肃性。

❏ 新能源电池污染案例：

司徒某戊等 4 人非法倾倒毒性工业固体危险废物污染环境案：案例中，人民法院依法惩处非法处置新能源汽车电池材料的行为，强调了新能源产业的环保合规要求。

通过以上分析，企业应严格遵守环境保护法律法规，采取科学合理的废弃物处理措施，建立完善的合规管理体系，以避免法律风险和环境损害。

10.2　案例分析

在案例分析方面，DeepSeek 可以辅助分析各种类型的案例，包括民事案例、刑事案例和行政案例。下面依次举例说明。

10.2.1　民事案例分析

用 DeepSeek 进行民事案例分析的示例如下。

提示词：

有一份货物买卖合同，甲方（买方）与乙方（卖方）签订合同，约定甲方向乙方购买一批电子产品，总价款为 50 万元，交货时间为 2024 年 6 月 1 日，付款时间为货到验收合格后 30 日内支付。但乙方在 2024 年 6 月 10 日才交货，且部分产品存在质量问题。甲方因此拒绝支付全部货款，并要求乙方承担违约责任。请分析本案中双方的权利和义务，乙方的违约行为及应承担的责任，甲方的抗辩权及可采取的措施。

输出结果：

在本案中，双方的权利和义务及违约责任分析如下：

一、双方的权利和义务分析

乙方的义务

按合同约定时间（2024 年 6 月 1 日）交付符合质量标准的电子产品。

保证货物无质量瑕疵，符合合同约定或通常使用目的（《民法典》[一]第六百一十五条）。

甲方的义务

在货物验收合格后 30 日内支付全部货款（《民法典》第六百二十六条）。

及时验收货物并提出质量异议（《民法典》第六百二十条～六百二十三条）。

二、乙方的违约行为及责任

迟延交货

乙方于 6 月 10 日交货，构成迟延履行（《民法典》第六百零一条）。

责任：甲方可要求乙方赔偿迟延交货导致的损失（如仓储费、市场价下跌损失等）（《民法典》第五百八十三条）。若合同约定迟延违约金，乙方需按约支付。

部分货物质量不合格

质量问题构成瑕疵履行（《民法典》第六百一十五条）。

责任：

甲方有权要求修理、更换或减少价款（《民法典》第五百八十二条）。

若质量问题导致合同目的无法实现（如关键部件缺陷），甲方可解除合同并拒付货款（《民法典》第六百一十条）。

若仅部分产品不合格，甲方可拒付对应部分价款，但需支付合格部分价款。

[一] 《中华人民共和国民法典》的简称，下同。

三、甲方的抗辩权及措施

抗辩权依据

同时履行抗辩权：因乙方未全面履行义务（迟延＋瑕疵），甲方可暂拒付款（《民法典》第五百二十五条）。

先履行抗辩权：若合同约定"先交货后付款"，乙方迟延交货构成先违约，甲方有权拒绝付款（《民法典》第五百二十六条）。

甲方可采取的措施

要求补救：要求乙方更换或修复瑕疵产品，或协商降价。

主张赔偿：就迟延交货和质量问题造成的实际损失索赔（《民法典》第五百八十四条）。

部分拒付货款：仅拒付瑕疵产品对应货款，而非全部货款（除非质量问题导致合同目的落空）。

解除合同：若质量问题严重或迟延构成根本违约，甲方可解除合同并要求赔偿（《民法典》第五百六十三条）。

四、风险提示

甲方若拒绝支付全部货款，需谨慎评估质量问题是否构成根本违约。否则，可能因不当拒付而承担违约责任。

双方应优先协商解决，如协商不成，可诉诸法院或仲裁，需保存交货记录、验收报告、沟通证据等。

结论

乙方因迟延交货和质量问题构成违约，需承担修理、更换、降价或赔偿损失等责任；甲方有权部分拒付货款或索赔，但需避免滥用抗辩权导致自身违约。建议双方根据货物瑕疵比例协商调整价款，或通过法律途径解决争议。

10.2.2 刑事案例分析

用 DeepSeek 进行刑事案例分析的示例如下。

提示词：

李某潜入张某家中，盗窃现金 5 万元和价值 2 万元的首饰。在逃离现场时，被张某发现，李某为抗拒抓捕，用刀将张某刺伤，随后逃离。请分析李某的行为构成何罪，盗窃罪与抢劫罪的转化条件，以及本案中李某的刑事责任和量刑情节。

输出结果：

李某的行为涉及盗窃罪转化为抢劫罪的情形。以下是对其行为的法律分析：

李某的行为构成何罪?

李某最初的行为是盗窃,符合盗窃罪的构成要件。然而,在逃离现场时,李某为抗拒抓捕,使用刀具将张某刺伤,这一行为符合《中华人民共和国刑法》(简称《刑法》)第二百六十九条关于盗窃罪转化为抢劫罪的规定。因此,李某的行为应被认定为抢劫罪。

盗窃罪与抢劫罪的转化条件

根据《刑法》第二百六十九条,盗窃罪转化为抢劫罪需要满足以下三个条件:

前提条件:已实施了盗窃行为。本案中,李某确实实施了盗窃行为,窃取了现金和首饰。

目的条件:为窝藏赃物、抗拒抓捕或毁灭罪证。本案中,李某为抗拒抓捕而使用暴力。

客观条件:当场使用暴力或以暴力相威胁。本案中,李某用刀刺伤张某,属于当场使用暴力。

以上三个条件同时具备,因此李某的盗窃行为转化为抢劫罪。

李某的刑事责任和量刑情节

根据《刑法》第二百六十三条,抢劫罪的量刑标准为三年以上十年以下有期徒刑,并处罚金;若情节特别严重,可处十年以上有期徒刑、无期徒刑或死刑,并处罚金或没收财产。

本案中,李某的抢劫行为涉及以下量刑情节:

从重情节:李某使用刀具刺伤张某,属于使用暴力手段,且造成人身伤害,可能被认定为情节严重。

从轻情节:如果李某在案发后主动投案并如实供述犯罪事实,可能构成自首,依法可以从轻处罚。此外,若李某积极赔偿被害人损失,也可能获得从轻处罚。

综上所述,李某的行为构成抢劫罪,可能面临三年以上十年以下有期徒刑的刑罚,具体量刑将根据其自首、赔偿等情节综合判定。

10.2.3　行政案例分析

用 DeepSeek 进行行政案例分析的示例如下。

提示词:

某企业在生产经营过程中,因排放超标污染物,被环保部门处以罚款 10 万元,并责令限期整改。企业对处罚决定不服,认为其排放超标是由于设备故障,且已及时采取措施进行整改。请分析本案中环保部门的行政处罚是否合法，企业可采取的救济途径，以及设备故障是否可作为免责事由。

输出结果：

一、环保部门行政处罚的合法性分析

1. 法律依据：

《环境保护法》：规定了企业排放污染物的标准及超标排放的法律责任。

《大气污染防治法》[一]或《水污染防治法》[二]：具体规定了排放标准及超标处罚。

《行政处罚法》[三]：明确了行政处罚的程序和依据。

2. 处罚程序：

调查取证：环保部门需有充分证据证明企业排放超标。

告知与听证：处罚前应告知企业拟处罚内容，并给予其陈述、申辩或听证的机会。

处罚决定：依据事实和法律作出处罚决定，并送达企业。

3. 合法性判断：

若环保部门严格遵循上述程序和法律规定，处罚决定合法。

若程序违法或证据不足，处罚决定可能不合法。

二、企业的救济途径

1. 行政复议：

企业可在收到处罚决定之日起一定期限（通常为 60 日）内向上一级环保部门或同级政府申请复议。

复议机关应在一定期限（通常为 60 日）内作出决定，必要时可延长期限（通常为 30 日）。

2. 行政诉讼：

企业可在收到处罚决定之日起 6 个月内向法院提起行政诉讼。

法院将审查处罚决定的合法性和合理性。

三、设备故障是否可作为免责事由

1. 法律依据：

《环境保护法》：企业应确保污染防治设施正常运行，设备故障不能完全免责。

《行政处罚法》：规定了免责情形，如不可抗力等。

2. 免责条件：

不可抗力：设备故障若因不可预见且不可避免的原因，可能部分免责。

及时整改：企业若能证明已及时采取措施，可能减轻处罚。

[一] 《中华人民共和国大气污染防治法》的简称，下同。
[二] 《中华人民共和国水污染防治法》的简称，下同。
[三] 《中华人民共和国行政处罚法》的简称，下同。

3. 举证责任：

企业需提供设备故障的证据及整改措施，证明其无主观过错。

四、结论

1. 环保部门处罚的合法性：若程序合法、证据充分，处罚决定合法。

2. 企业的救济途径：可通过行政复议或行政诉讼维护权益。

3. 设备故障的免责：设备故障不能完全免责，但若能证明及时整改，可能减轻处罚。

五、建议

1. 企业应对措施：

及时整改并保留相关证据。

寻求法律意见，准备复议或诉讼材料。

2. 环保部门建议：

确保处罚程序合法，证据充分。

在处罚决定中考虑企业的整改情况。

通过以上分析，企业可以更好地理解自身权益及应对策略，环保部门也能确保处罚的合法性和公正性。

10.3　合同处理辅助

在合同处理辅助方面，DeepSeek 主要可以从合同起草与定制、合同条款完善与风险提示两个方面提供帮助。下面依次举例说明。

10.3.1　合同起草与定制类

用 DeepSeek 进行合同起草与定制的示例如下。

提示词：

请帮我起草一份软件开发合同，明确开发进度、验收标准、知识产权归属等内容。

输出结果：

软件开发合同

甲方（委托方）：

公司名称：_____

地址：_____

法定代表人：_____

联系电话：_____

乙方（开发方）：

公司名称：_____

地址：_____

法定代表人：_____

联系电话：_____

鉴于：

甲方委托乙方进行软件开发，双方本着平等互利的原则，经友好协商，达成如下协议：

第一条　项目内容

1.1　项目名称：_____

1.2　开发内容：_____（详细描述软件功能、模块、技术需求等）

1.3　开发周期：自合同生效之日起至_____（具体日期或阶段）。

第二条　开发进度

2.1　乙方应按以下阶段完成开发工作：

第一阶段：需求分析与设计

完成时间：_____

交付内容：需求文档、系统设计文档。

第二阶段：开发与测试

完成时间：_____

交付内容：软件原型、测试报告。

第三阶段：部署与验收

完成时间：_____

交付内容：可运行的软件系统、用户手册、技术文档。

2.2　乙方应每周向甲方提交开发进度报告，说明当前进展及下一阶段计划。

第三条　验收标准

3.1　验收依据：

本合同约定的功能需求和技术要求。

双方确认的需求文档、设计文档及其他相关文件。

3.2　验收流程：

乙方完成开发后，向甲方提交验收申请及相关文档。

甲方应在_____个工作日内组织验收，并出具书面验收报告。

若验收不合格，甲方应列出具体问题，乙方应在_____个工作日内完成整改并重新提交验收。

3.3　验收通过标准：

软件功能符合需求文档要求。

软件运行稳定，无明显缺陷。

文档齐全且符合约定标准。

第四条　费用及支付方式

4.1　合同总金额：人民币_____元（大写：_____）。

4.2　付款方式：

第一期：合同签订后_____日内，支付总金额的_____%。

第二期：需求分析与设计阶段完成后，支付总金额的_____%。

第三期：开发与测试阶段完成后，支付总金额的_____%。

第四期：验收通过后，支付剩余_____%。

4.3　乙方应在收到款项后向甲方开具合法有效的发票。

第五条　知识产权归属

5.1　本项目开发过程中产生的所有知识产权（包括但不限于源代码、文档、设计图等）归_____（甲方／乙方）所有。

5.2　若知识产权归甲方所有，乙方应在验收通过后向甲方交付全部源代码及相关文档，并保证不保留任何副本。

5.3　若知识产权归乙方所有，甲方享有软件的永久使用权，乙方不得向第三方提供相同或类似功能的软件。

第六条　保密条款

6.1　双方应对在合作过程中获知的对方商业秘密及其他机密信息予以保密，未经对方书面同意，不得向第三方披露。

6.2　本条款在合同终止后仍然有效。

第七条　违约责任

7.1　乙方未按约定时间完成开发或验收不合格的，每逾期一日，应向甲方支付合同总金额的_____% 作为违约金。

7.2　甲方未按约定时间支付款项的，每逾期一日，应向乙方支付应付金额的_____% 作为违约金。

7.3　因一方违约导致合同无法继续履行的，守约方有权解除合同，并要求违约方赔偿损失。

第八条　不可抗力

8.1　因不可抗力（如自然灾害、战争、政府行为等）导致合同无法履行的，双方应及时协商解决，任何一方不承担违约责任。

8.2 受不可抗力影响的一方应在事件发生后_____日内书面通知对方，并提供相关证明。

第九条 争议解决

9.1 本合同履行过程中发生的争议，双方应友好协商解决。

9.2 协商不成的，任何一方可向_____（甲方所在地／乙方所在地）有管辖权的人民法院提起诉讼。

第十条 其他条款

10.1 本合同自双方签字盖章之日起生效。

10.2 本合同一式_____份，甲乙双方各执_____份，具有同等法律效力。

10.3 未尽事宜，双方可另行签订补充协议，补充协议与本合同具有同等法律效力。

甲方（盖章）：

法定代表人（签字）：_____

日期：_____

乙方（盖章）：

法定代表人（签字）：_____

日期：_____

附件：

1. 需求文档

2. 设计文档

3. 其他相关文件

以上合同条款可根据具体项目需求进行调整，建议在签署前由法律专业人士审核。

提示词：

请根据《民法典》的相关规定，生成一份借款合同模板，明确借款金额、利息计算、还款方式等条款。

输出结果：

借款合同

甲方（出借人）：

姓名／公司名称：_____

身份证号／统一社会信用代码：_____

地址：_____

联系电话：_____

乙方（借款人）：

姓名 / 公司名称：_____

身份证号 / 统一社会信用代码：_____

地址：_____

联系电话：_____

鉴于：

甲方同意向乙方提供借款，双方根据《中华人民共和国民法典》及相关法律法规，经协商一致，达成如下协议：

第一条　借款金额

1.1　甲方同意向乙方出借人民币_____元（大写：_____）。

1.2　借款金额以甲方实际支付为准，乙方应在收到借款后向甲方出具收据。

第二条　借款用途

2.1　乙方承诺将借款用于_____（具体用途），不得用于非法活动。

2.2　甲方有权监督借款使用情况，乙方应提供相关证明材料。

第三条　借款期限

3.1　借款期限为_____个月 / 年，自_____年_____月_____日起至_____年_____月_____日止。

3.2　乙方可提前还款，但需提前_____日通知甲方。

第四条　利息计算

4.1　借款利率为_____%（年利率 / 月利率），按_____（月 / 年）计息。

4.2　利息计算方式：_____（如：按月付息、到期还本付息等）。

4.3　若乙方未按期还款，逾期部分按日利率_____% 计收罚息。

第五条　还款方式

5.1　乙方应按以下方式偿还借款本息：

方式一：按月付息，到期还本。

方式二：等额本息，每月偿还固定金额。

方式三：到期一次性还本付息。

5.2　还款账户信息：

甲方账户名称：_____

开户银行：_____

银行账号：_____

5.3　乙方应按时足额还款，若还款日为非工作日，则顺延至下一个工作日。

第六条　担保条款（如有）

6.1　乙方提供_____（抵押／质押／保证）作为担保，具体约定如下：

担保物名称：_____

担保物价值：_____

担保范围：借款本金、利息、违约金及实现债权的费用。

6.2　担保物登记或交付时间：_____。

第七条　违约责任

7.1　乙方未按期还款的，每逾期一日，应按未还金额的_____%支付违约金。

7.2　若乙方未按约定用途使用借款，甲方有权提前收回借款，并要求乙方支付违约金_____元。

7.3　因乙方违约导致甲方采取诉讼或仲裁措施的，乙方应承担甲方因此产生的全部费用（包括但不限于律师费、诉讼费等）。

第八条　合同解除

8.1　在以下情况下，甲方有权解除合同并要求乙方立即偿还全部借款本息：

乙方未按约定用途使用借款。

乙方提供虚假信息或隐瞒重要事实。

乙方丧失还款能力或拒绝履行还款义务。

8.2　合同解除后，乙方应在_____日内偿还全部借款本息及违约金。

第九条　争议解决

9.1　本合同履行过程中发生的争议，双方应友好协商解决。

9.2　协商不成的，任何一方可向_____（甲方所在地／乙方所在地）有管辖权的人民法院提起诉讼。

第十条　其他条款

10.1　本合同自双方签字或盖章之日起生效。

10.2　本合同一式_____份，甲乙双方各执_____份，具有同等法律效力。

10.3　未尽事宜，双方可另行签订补充协议，补充协议与本合同具有同等法律效力。

甲方（签字／盖章）：

日期：_____

乙方（签字／盖章）：

日期：_____

附件：

1. 乙方身份证复印件 / 营业执照复印件

2. 担保物相关文件（如有）

以上合同条款可根据具体借款需求进行调整，建议在签署前由法律专业人士审核。

10.3.2　合同条款完善与风险提示类

用 DeepSeek 进行合同条款完善与风险提示的示例如下。

提示词：

以下是一份房屋租赁合同的部分条款："租赁期限：自 2024 年 12 月 1 日起至 2025 年 11 月 30 日止。租金支付方式：每月 5 日前支付，租金为 3000 元 / 月。房屋维修责任：租赁期间，房屋的日常维修由乙方负责，重大维修由甲方负责。"请帮我完善该合同的租金支付方式条款，明确支付方式、逾期支付的违约责任等，并提示可能存在的法律风险。

输出结果：

根据您提供的房屋租赁合同部分条款，我将帮助完善租金支付方式条款，并提供相关法律风险提示。

租金支付方式：

1. 乙方应于每月 5 日前向甲方支付当月租金，租金金额为人民币叁仟（3000.00）元整。支付方式为银行转账，甲方指定收款账户信息如下：

❏ 开户银行：＿＿＿＿＿＿

❏ 账户名称：＿＿＿＿＿＿

❏ 银行账号：＿＿＿＿＿＿

2. 乙方应确保租金按时足额支付，如采用现金支付或第三方支付平台支付，需保留支付凭证备查。

3. 若乙方未按约定时间支付租金，每逾期一日，乙方需向甲方支付逾期租金金额的千分之一（或万分之五）作为违约金。逾期超过 15 日的，甲方有权解除本合同，并要求乙方支付合同总租金的 10%（或具体金额）作为违约金。

4. 租金支付时间：乙方应于每月 1 日至 5 日期间完成支付，逾期从第 6 日起计算违约金。

法律风险提示：

1. 支付方式约定不明：未明确支付方式可能导致争议，建议在合同中明确支付方式及账户信息。

2. 逾期支付责任不清：未约定违约金计算方式或解除合同条件，可能在租金逾期时难以主张权利。

3. 支付凭证保存：建议双方保留支付凭证，避免因证据不足引发纠纷。

4. 违约金合理性：违约金约定过高可能在法律上被认定为不合理，建议参考当地法律规定或咨询专业律师。

建议在签订合同前，由专业律师审核合同条款，确保合同内容合法、合规，避免潜在法律风险。

提示词：

以下是一份服务外包合同的部分条款："服务内容：乙方为甲方提供客服服务。服务期限：自 2024 年 12 月 1 日起至 2025 年 11 月 30 日止。服务费用：每月 10 万元。"请帮我完善该合同的服务质量标准条款，明确服务质量的衡量指标、考核方式及未达标时的处理方式，并提示可能存在的法律风险。

输出结果：

根据您提供的服务外包合同部分条款，我将帮助完善服务质量标准条款，并提供相关法律风险提示。

服务质量标准：

1. 服务质量的衡量指标：

❏ 响应时间：乙方应在收到甲方客户咨询后 30 秒内（或具体时间）做出首次响应。

❏ 问题解决率：乙方应确保客户咨询的问题在 72 小时内（或具体时间）得到解决，解决率达到 95%（或具体比例）。

❏ 客户满意度：乙方每月应通过甲方提供的客户满意度调查，满意度达到 85 分（或具体分数）以上。

2. 考核方式：

❏ 甲方每月对乙方服务质量进行考核，考核结果以甲方提供的数据、客户反馈及乙方提供的服务记录为准。

❏ 双方应每月召开服务复盘会议，共同分析服务质量问题并提出改进措施。

❏ 考核结果需书面确认，作为后续服务费用支付及合同续签的依据。

3. 未达标时的处理方式：

❏ 轻微未达标：若乙方某月考核未达标，但整体服务未对甲方造成实质性影响，甲方将书面通知乙方，并要求乙方在 15 日内（或具体天数）提出改进方案。

❑ 严重未达标：若乙方连续 2 个月（或具体月数）未达到服务质量标准，甲方有权解除本合同，并要求乙方支付当月服务费用的 5%（或具体金额）作为违约金。

❑ 客户投诉处理：如乙方服务质量问题导致客户投诉，乙方需在 24 小时内（或具体时间）妥善处理投诉，并向甲方提交处理报告。若乙方未及时处理，甲方有权扣除当月服务费用的 10%（或具体金额）。

4. 服务改进要求：

❑ 乙方应定期提交服务质量报告，包括但不限于服务记录、客户反馈及改进措施。

❑ 乙方需定期对客服人员进行培训，确保服务标准的持续达标。

法律风险提示：

1. 服务质量标准的合理性：

服务质量标准需合理、明确，避免过高或过低。建议结合行业标准及实际需求设定具体指标。

2. 考核方式的公平性：

考核方式需公平、透明，避免考核标准模糊导致争议。建议在合同中明确考核依据及双方的责任分工。

3. 违约金的合法性：

违约金的计算比例或具体金额需符合法律规定，避免过高或过低。根据《中华人民共和国合同法》相关规定，违约金应与实际损失相当，过高或过低的违约金可能在法律上被调整。

4. 争议解决的可操作性：

未明确争议解决方式可能增加争议解决的成本和时间，建议在合同中明确争议解决的具体方式和管辖机构（如仲裁或诉讼）。

5. 改进期限的明确性：

未明确改进期限可能导致乙方拖延改进，建议在合同中明确改进期限及未按时改进的后果。

建议在签订合同前，由专业律师审核合同条款，确保合同内容合法、合规，避免潜在法律风险。

第 11 章 | C H A P T E R

用 DeepSeek 实现智能投研

本章将从投研信息检索与分析、财务数据分析、辅助研报撰写三个方面介绍 DeepSeek 对投研工作的赋能。

11.1 投研信息检索与分析

在投研信息检索与分析方面，我们可以用 DeepSeek 通过检索投研信息进行定性研究和行业动态分析，在检索时需要开启联网搜索功能。另外，值得注意的是，对于搜索到的定量信息，建议一定要查看原始来源进行数据确认，避免 AI 输出错误。

11.1.1 定性研究

用 DeepSeek 进行定性研究的示例如下。

提示词：

我正在研究新能源汽车产业链中的电池环节，请帮我搜集国内和国际主流电池厂商的最新定性研究报告，重点关注它们的技术创新方向、战略合作伙伴关系和国际化拓展计划。

输出结果：

以下是我为您整理的关于新能源汽车产业链中电池环节的最新定性研究报

告，涵盖国内外主流电池厂商的技术创新方向、战略合作伙伴关系及国际化拓展计划。内容综合了多个来源的信息，并按照您的需求进行了筛选和整理。

一、技术创新方向

1. 固态电池技术

国内厂商：国轩高科在 2024 年发布了全固态电池技术，并与清华大学电池安全实验室合作研发下一代电池技术，目标是在 2026 年实现装车验证。广汽集团和长安汽车也在积极推进全固态电池的研发，计划在 2026 ～ 2027 年实现量产。

国际厂商：现代汽车计划在 2025 年展示其全固态电池试点生产线，并投资 90 亿美元用于电池技术开发。

2. 快充与高能量密度电池

国轩高科：推出了 5C 超快充 G 刻电池和高镍三元圆柱星晨电池，支持快速充电和高能量密度需求。

宁德时代：专注于提升磷酸铁锂（LFP）电池的能量密度和快充能力，同时布局钠离子电池技术。

3. 电池回收与循环利用

国轩高科：与晋景新能合作成立低碳研究院，推动电池回收和储能技术的研发。

比亚迪：计划在 2030 年实现固态电池的大规模应用，并推动电池回收技术的商业化。

二、战略合作伙伴关系

1. 国内合作

国轩高科与奇瑞汽车：双方在乘用车和商用车领域展开全面合作，国轩高科将作为主要供应商参与奇瑞的电池开发项目。

宁德时代与上汽集团：合作开发高能量密度电池，并计划在 2026 年实现固态电池的量产。

2. 国际合作

国轩高科与摩洛哥 CDG 集团：合作投资 3 亿欧元建设动力电池和储能电池项目，推动摩洛哥的能源结构改善。

宁德时代与特斯拉：深化合作，宁德时代为特斯拉提供 LFP 电池，并计划在墨西哥建厂以服务北美市场。

三、国际化拓展计划

1. 海外建厂

国轩高科：在摩洛哥建设电池生产基地，并参与全球电池联盟的"电池护照"试点项目。

宁德时代：在匈牙利和墨西哥建厂，目标是在 2025 年将海外营收占比进一步提升。

2. 市场拓展

比亚迪：与匈牙利赛格德市政府合作，计划在欧洲建立乘用车工厂，并推动电池技术的本地化应用。

亿纬锂能：重点布局东南亚和欧洲市场。

3. 技术输出与标准制定

国轩高科：参与全球电池联盟的"电池护照"试点项目，推动电池全生命周期管理的透明化和标准化。

宁德时代：通过技术合作和专利授权，推动中国电池标准在国际市场的应用。

四、总结与展望

1. 技术创新

固态电池、快充技术和高能量密度电池是未来发展的重点，国内外厂商均在加速布局。

2. 合作模式

国内厂商通过与车企和科研机构合作，提升技术实力；国际厂商则通过资本和技术输出，加速全球化布局。

3. 国际化拓展

海外建厂、市场拓展和技术输出是中国电池厂商提升全球竞争力的关键策略。

11.1.2　行业动态分析

用 DeepSeek 进行行业动态分析的示例如下。

提示词：

我想了解移动支付行业在全球新兴市场的拓展情况，请帮我收集东南亚、非洲等地区移动支付业务的普及率、监管政策变化，以及当地本土企业与国际巨头的竞争态势信息。

输出结果：

移动支付行业在全球新兴市场的拓展情况

1. 东南亚市场

普及率与市场现状

东南亚是全球移动支付增长最快的地区之一，得益于互联网电商和社交媒体的推动，以及在线支付需求的增加。2024 年，东南亚移动支付用户中超过

60% 通过电商平台进行购物，这一比例在过去 5 年中增长了 2 倍。

监管政策变化

东南亚各国政府正在推动跨境支付互联互通。例如，2022 年发起的《区域支付互联互通倡议》(RPC) 已覆盖 8 个东盟成员国，旨在简化跨境支付流程。

竞争态势

中国企业：支付宝和微信支付通过与当地企业合作，深度融入东南亚市场。例如，蚂蚁金服与印尼 Emtek 集团合作推出 DANA 电子钱包，并在马来西亚与 Touch'n Go 合作推出移动支付服务。

日本企业：日本政府推出 JPQR 二维码，试图在东南亚推广统一支付标准，以提升日元在国际结算中的地位。

本土企业：ShopeePay、GrabPay 等本土支付工具在东南亚市场占据重要地位，但整体市场仍高度分散。

2. 非洲市场

普及率与市场现状

2023 年，有 17% 的非洲消费者每天使用移动支付服务，每周使用一次的消费者占比接近 50%。肯尼亚的 MPesa 市场份额高达 94.9%，用户数突破 3870 万。

监管政策变化

非洲各国政府积极推动移动支付发展，以弥补传统银行基础设施的不足。例如，肯尼亚通过政策支持 MPesa 的发展，使其成为非洲电子支付的典范。

竞争态势

中国企业：华为与 MPesa 合作，为其提供技术支持。PalmPay 等中国投资的支付平台在尼日利亚和加纳等国家取得显著成果，活跃用户数增长迅速。

本土企业：MPesa 在肯尼亚占据主导地位，尼日利亚的移动支付市场也由本土平台主导，如 Paga 和 OPay。

3. 其他新兴市场

中东市场

中东移动支付市场正在快速发展，2021 年沙特电子支付使用率已超过现金。支付宝和微信支付通过与当地商户合作，积极拓展中东市场。例如，支付宝与沙特旅游局签约，正式进驻沙特。

拉美市场

拉美移动支付市场增长迅速，但普及率相对较低。巴西和墨西哥是主要市场，本土支付工具如 Mercado Pago 和 Rappi Pay 占据主导地位，国际巨头如 PayPal 也在积极布局。

4. 总结与展望

移动支付在新兴市场的普及率持续提升，监管政策逐步完善，市场竞争日益激烈。中国企业在东南亚和非洲市场表现突出，通过本土化策略和技术创新占据重要地位。未来，随着跨境支付互联互通的推进和人工智能技术的应用，移动支付行业将迎来更多机遇与挑战。

11.2 财务数据分析

在财务数据分析方面，我们可以用 DeepSeek 进行财务报表解读、财务指标分析和财务风险评估，下面依次举例说明。

11.2.1 财务报表解读

用 DeepSeek 进行财务报表解读的示例如下，如果提供的财报数据不完全，DeepSeek 还会对部分数据进行假设来加以解读。

提示词：

我手头有一份互联网公司的资产负债表，资产总计 200 亿元，负债合计 150 亿元，其中流动负债 120 亿元，非流动负债 30 亿元。请帮我解读该公司的资产负债结构是否合理，流动比率和速动比率是多少，企业面临哪些短期偿债压力。

输出结果：

感谢您提供的信息。基于现有的数据，我将为您分析该互联网公司的资产负债结构，并计算流动比率和速动比率，同时评估其短期偿债压力。

1. 资产负债结构分析

总资产：200 亿元

总负债：150 亿元

流动负债：120 亿元

非流动负债：30 亿元

从资产负债结构来看，该公司的负债率为 75%（负债总额 / 资产总额），这表明公司资产负债率较高，财务杠杆较大。对于互联网公司来说，虽然通常负债率较低，但如果公司处于快速扩展或投资阶段，较高的负债率也可能是一种策略性选择。

2. 流动比率和速动比率

由于您未提供流动资产的具体数据，我们将基于假设进行分析。

假设 1：流动资产为 160 亿元

流动比率 = 流动资产 / 流动负债 = 160/120 = 1.33

流动比率为 1.33，略高于 1，表明公司具备一定的短期偿债能力，但边际较为狭窄。

速动比率 =（流动资产 − 存货）/ 流动负债

假设存货为 40 亿元，则速动比率 =（160−40）/120 = 1.0

速动比率为 1.0，表明公司在不考虑存货的情况下，短期偿债能力尚可，但仍需关注流动资产的安全性。

假设 2：流动资产为 140 亿元

流动比率 = 140/120 = 1.17

流动比率为 1.17，表明公司的短期偿债能力较弱，可能存在一定压力。

速动比率 =（流动资产 − 存货）/ 流动负债

假设存货为 30 亿元，则速动比率 =（140−30）/120 = 0.92

速动比率低于 1，表明公司在短期内可能面临较大的偿债压力。

3. 短期偿债压力分析

高负债率：75% 的负债率意味着公司的财务风险较高，尤其是在市场波动或盈利能力下降时，可能面临更大的偿债压力。

流动性风险：如果流动资产接近或低于流动负债，公司将面临流动性风险，可能需要通过外部融资或资产处置来缓解压力。

营运资金管理：公司需密切关注营运资金的管理，确保有足够的现金流来应对短期债务。

4. 建议

优化资本结构：考虑降低负债率，通过股权融资或其他方式增加权益资本。

加强流动性管理：提高流动资产的比例，尤其是现金及等价物，以确保短期偿债能力。

监控财务风险：定期评估公司的财务健康状况，制定应急预案以应对可能的流动性危机。

如果您能提供更详细的财务数据，例如流动资产、现金及等价物、存货等的具体数值，我可以为您提供更精准的分析和建议。

11.2.2　财务指标分析

用 DeepSeek 进行财务指标分析的示例如下。

提示词：

现有一组电商公司财务数据，过去 12 个月营业收入 50 亿元，营业成本 40 亿元，平均应收账款 5 亿元，存货 3 亿元，经营活动现金流净额 2 亿元。请计算该公司的毛利率、存货周转率、应收账款周转率和经营现金流比率等主要财务指标，并评价其经营效率和现金流状况。

输出结果：

基于您提供的数据，我将为您计算电商公司的主要财务指标，并对其经营效率和现金流状况进行评价。

1. 主要财务指标计算

1.1 毛利率

毛利率 =（营业收入 – 营业成本）/ 营业收入

毛利率 =（50 – 40）/50 = 0.20 或 20%

1.2 存货周转率

存货周转率 = 营业成本 / 平均存货

注：平均存货未提供，假设为给定的存货值 3 亿元

存货周转率 = 40/3 ≈ 13.33 次 / 年

1.3 应收账款周转率

应收账款周转率 = 营业收入 / 平均应收账款

应收账款周转率 = 50/5 = 10 次 / 年

1.4 经营现金流比率

经营现金流比率 = 经营活动现金流净额 / 营业收入

经营现金流比率 = 2/50 = 0.04 或 4%

2. 经营效率评价

2.1 毛利率分析

毛利率为 20%，表明公司每 1 元营业收入中有 0.2 元的毛利。对于电商行业来说，这一毛利率水平属于中等偏低，可能需要进一步优化成本结构或提升产品附加价值。

2.2 存货周转率分析

存货周转率约为 13.33 次 / 年，表明公司存货管理效率较高，能够快速转化为销售收入。较高的存货周转率有助于减少库存积压和降低仓储成本。

2.3 应收账款周转率分析

应收账款周转率为 10 次 / 年，表明公司应收账款回收速度较快，平均 36.5 天（365/10）收回一次。这有助于提高资金使用效率，减少资金占用。

3. 现金流状况评价

经营现金流比率为 4%，表明公司经营活动产生的现金流相对较少，仅占营

业收入的 4%。这可能意味着公司在经营过程中面临一定的现金流压力，需要关注现金流的可持续性。

4. 综合建议

优化成本结构：通过降低营业成本或提高产品定价，提升毛利率水平。

加强存货管理：继续保持高存货周转率，减少库存积压，确保资金流动性。

应收账款管理：维持较高的应收账款周转率，加速资金回收，减少坏账风险。

提高经营现金流：通过增加销售收入、优化成本控制或加强应收账款回收，提高经营活动现金流净额。

如果您有更多具体的财务数据或需要进一步的分析，请随时告知。

11.2.3　财务风险评估

用 DeepSeek 进行财务风险评估的示例如下。

提示词：

我需要对一家初创科技公司的财务状况进行风险评估，重点关注其资金链断裂的可能性。该公司目前账面现金为 1 亿元，当月经营净现金流为 2000 万元，未来半年内有重大资本开支计划和员工股权激励支付安排。请分析该公司的资金缺口，评估再融资难度，并提供财务健康状况预警信号和风险缓解建议。

输出结果：

1. 资金缺口分析

1.1　计算未来半年的资金需求

经营现金流缺口：

当前月经营净现金流为 –2000 万元，假设未来半年的经营状况不变，则经营现金流缺口为：2000 万元 / 月 × 6 月 = 1.2 亿元。

资本开支计划：

明确未来半年的重大资本开支金额（假设为 X 亿元）。

员工股权激励支付：

明确员工股权激励的支付金额（假设为 Y 亿元）。

总资金需求：

总资金需求 = 1.2 亿元 + X 亿元 + Y 亿元。

1.2　计算资金缺口

账面现金：1 亿元。

资金缺口：

资金缺口 = 总资金需求 – 1 亿元。

如果资金缺口为正，说明公司面临资金链断裂风险。

2. 再融资难度评估

2.1 内部融资能力

现金流改善可能性：

分析公司未来半年是否有收入增长或成本削减计划，能否改善经营现金流。

资产变现能力：

评估公司是否有可变现的非核心资产（如设备、知识产权等）。

2.2 外部融资能力

股权融资：

评估公司估值、市场环境及投资者意愿，判断是否可能通过新一轮股权融资获得资金。

债权融资：

分析公司的资产负债率、信用记录及抵押物情况，判断是否可能获得银行贷款或发行债券。

政府补贴或政策性支持：

公司是否符合政府补贴或政策性融资的条件（如科技型企业补贴）。

2.3 融资环境与市场条件

资本市场热度：

当前资本市场对科技初创企业的投资热度。

行业竞争与前景：

公司所在行业的竞争格局及未来发展前景是否吸引投资者。

3. 财务健康状况预警信号

3.1 现金流预警

经营现金流持续为负，且短期内无改善迹象。

资金缺口超过账面现金，且无明确融资计划。

3.2 资产负债率与流动性风险

资产负债率过高，且短期偿债压力大。

流动比率（流动资产／流动负债）低于1，显示短期偿债能力不足。

3.3 融资能力预警

股权融资进展缓慢，投资者兴趣不足。

债权融资受限，银行或机构对公司的信用评级较低。

3.4 运营效率与成本控制

收入增长乏力，成本控制不佳，导致经营现金流恶化。

资本开支计划过于激进，超出公司承受能力。

4. 风险缓解建议

4.1　短期措施

削减非必要开支：

暂停或推迟非核心资本开支，优化运营成本。

加速回款：

加强应收账款管理，缩短回款周期。

股权激励支付调整：

与员工协商，推迟或分期支付股权激励款项。

4.2　中长期措施

提升经营现金流：

优化商业模式，提高收入或降低成本。

多元化融资渠道：

积极寻求战略投资者或政策性融资的支持。

资产优化：

出售非核心资产或引入合作伙伴分担资本开支。

5. 总结与风险评估

资金链断裂可能性：

如果资金缺口较大且再融资难度高，公司资金链断裂风险较高。

财务健康状况：

当前财务状况存在明显风险，需采取紧急措施改善现金流和融资能力。

通过以上分析，可以为公司提供清晰的财务风险评估结果，并为其制定应对策略提供依据。

11.3　辅助研报撰写

在辅助研报撰写方面，我们可以用 DeepSeek 进行研报大纲生成、研报内容填充、研报结论提炼，下面依次举例说明。

11.3.1　研报大纲生成

用 DeepSeek 进行研报大纲生成的示例如下。

提示词：

我打算写一份关于"双碳"目标下传统能源企业转型路径的研报，预计篇幅 3 万字。请帮我生成一份详细的大纲，涵盖政策、技术、市场、企业案例和投资机会等关键模块，并在每个模块下列出 2 ～ 3 个子主题。

输出结果：

以下是关于"双碳"目标下传统能源企业转型路径的研报大纲，涵盖政策、技术、市场、企业案例和投资机会等关键模块，每个模块下包含 2 ～ 3 个子主题，供您参考。

1. 引言

1.1 研究背景与意义

全球气候变化与"双碳"目标的提出

传统能源企业面临的挑战与机遇

1.2 研究目标与方法

研报的研究范围与重点

数据来源与分析方法

2. 政策环境分析

2.1 国际"双碳"政策框架

《巴黎协定》与全球碳中和目标

主要国家和地区（如欧盟、美国、日本）的能源转型政策

2.2 中国"双碳"政策体系

"3060"目标的提出与实施路径

重点政策文件解读（如《中共中央 国务院关于完整准确全面贯彻新发展理念做好碳达峰碳中和工作的意见》）

2.3 政策对传统能源企业的影响

碳排放配额与碳交易机制

传统能源企业的政策约束与支持措施

3. 技术路径与创新

3.1 清洁能源技术

风能、太阳能等可再生能源技术的发展与应用

氢能、储能技术的突破与商业化前景

3.2 传统能源的低碳化改造

煤炭清洁利用技术（如 CCUS）

石油与天然气的绿色开采和利用

3.3　数字化与智能化转型

能源互联网与智慧能源管理系统

大数据与人工智能在能源领域的应用

4. 市场趋势与竞争格局

4.1　能源消费结构变化

可再生能源占比提升趋势

传统能源需求峰值与下降趋势

4.2　能源市场竞争格局

传统能源企业和新能源企业的竞争与合作

国际能源市场的变革与地缘政治影响

4.3　消费者与投资者偏好变化

ESG（环境、社会与治理）投资趋势

绿色能源消费需求的增长

5. 企业转型案例研究

5.1　国际传统能源企业转型案例

壳牌（Shell）：从石油巨头到综合能源公司

英国石油（BP）：可再生能源投资与碳中和目标

5.2　中国传统能源企业转型案例

国家能源集团：煤炭清洁利用与新能源布局

中石化：氢能产业链布局与绿色转型

5.3　转型成功经验与失败教训

企业战略调整与资源配置

技术创新与市场适应的平衡

6. 投资机会与风险分析

6.1　传统能源企业的投资机会

清洁能源项目的投资潜力

能源基础设施升级与改造

6.2　新能源领域的投资机会

风能、太阳能、氢能等领域的投资热点

储能技术与能源互联网的投资前景

6.3　投资风险与应对策略

政策不确定性风险

技术与市场风险

7. 结论与建议

7.1 传统能源企业转型的核心路径

技术创新与产业链延伸

资本运作与战略合作

7.2 政策建议与行业展望

政府支持政策的方向与力度

未来能源行业的发展趋势

8. 参考文献与数据来源

国内外政策文件、行业报告与学术文献

企业年报、市场数据与案例分析资料

以上大纲涵盖了政策、技术、市场、企业案例和投资机会等关键模块，您可以根据实际需求进一步调整和细化内容。希望对您的研报写作有所帮助！

11.3.2 研报内容填充

用 DeepSeek 进行研报内容填充的示例如下。

提示词：

我已完成了半导体行业研报中关于技术发展趋势部分的初步框架，但缺乏有足够深度的内容支持，需要你帮我生成关于先进制程演进、新型材料应用（如碳化硅和氮化镓）、芯片设计架构变革等方面的专业内容，约 1000 字，要求信息准确、逻辑连贯。

输出结果：

以下是关于半导体行业技术发展趋势的深度分析，涵盖先进制程演进、新型材料应用（如碳化硅和氮化镓）以及芯片设计架构变革等方面的专业内容。

1. 先进制程演进

1.1 制程节点的持续微缩

半导体行业的核心驱动力之一是制程节点的持续微缩。随着摩尔定律的推进，芯片制造商不断追求更小的晶体管尺寸，以提高性能和降低功耗。目前，台积电、三星和英特尔等巨头已经实现了 5nm 及以下制程的量产，并正在向 3nm 和 2nm 节点迈进。

1.2 极紫外光刻（EUV）技术

极紫外光刻（EUV）技术是推动先进制程演进的关键。EUV 光刻机能够实现更精细的图案化，从而支持更小的晶体管尺寸。ASML 是 EUV 光刻机的主

要供应商，其最新一代 EUV 光刻机已经支持 3nm 及以下制程。

1.3　封装技术的创新

随着逐渐接近制程微缩的物理极限，封装技术的重要性日益凸显。先进封装技术如 2.5D 和 3D 封装，通过堆叠芯片和优化互连，能够在不进一步微缩制程的情况下提升性能和集成度。

2. 新型材料应用

2.1　碳化硅（SiC）的应用

碳化硅（SiC）作为一种宽禁带半导体材料，具有高击穿电场、高热导率和高电子饱和漂移速度等优异特性，广泛应用于功率电子器件中。SiC 器件在电动汽车、可再生能源和工业电源等领域展现出显著的优势，能够提高效率和降低系统成本。

2.2　氮化镓（GaN）的应用

氮化镓（GaN）是另一种宽禁带半导体材料，具有高电子迁移率和低导通电阻等特性。GaN 器件在射频（RF）和功率电子领域表现出色，尤其在 5G 通信、数据中心和消费电子等领域，能够提供更高的功率密度和更快的开关速度。

2.3　新型材料的挑战与前景

尽管 SiC 和 GaN 等新型材料具有显著优势，但其高昂的成本和制造复杂性仍然是广泛应用的挑战。未来，随着材料工艺的改进和规模化生产的推进，这些新型材料有望在更多领域实现商业化应用。

3. 芯片设计架构变革

3.1　异构计算架构

随着应用场景的多样化，传统的单一计算架构已无法满足需求。异构计算架构通过集成多种处理器（如 CPU、GPU、FPGA 和 AI 加速器），能够根据不同任务需求动态分配计算资源，提升整体性能和能效。

3.2　专用集成电路（ASIC）与定制芯片

为满足特定应用场景的需求，专用集成电路（ASIC）和定制芯片的设计逐渐兴起。这些芯片针对特定算法和任务进行优化，能够提供更高的性能和更低的功耗，广泛应用于人工智能、区块链和物联网等领域。

3.3　开源硬件与 RISCV 架构

开源硬件和 RISCV 架构的兴起，为芯片设计带来了新的可能性。RISCV 作为一种开源指令集架构，具有高度的灵活性和可定制性，能够降低设计成本并加速创新。

4. 综合分析与展望

4.1　技术融合与协同创新

未来，半导体技术的发展将更加注重技术融合与协同创新。先进制程、新型材料和芯片设计架构的相互结合，将推动半导体行业的持续进步。

4.2　产业链的协作与竞争

随着技术复杂度的提升，半导体产业链的协作与竞争将更加紧密。从材料供应商、设备制造商到芯片设计公司和代工厂，各方需加强合作，共同应对技术挑战和市场变化。

4.3　政策与市场驱动

政策支持和市场需求将继续推动半导体技术的发展。各国政府通过政策和资金支持，鼓励本土半导体产业的发展。同时，随着 5G、人工智能和物联网等新兴市场的崛起，半导体行业将迎来新的增长机遇。

结论

半导体行业的技术发展趋势呈现出制程微缩、材料创新和设计变革三大主线。先进制程的演进、新型材料的应用和芯片设计架构的变革，将共同推动半导体行业的技术进步和商业应用。未来，随着技术融合和市场需求的驱动，半导体行业有望迎来更加广阔的发展前景。如果您需要进一步的分析或具体数据的支持，请随时告知。

11.3.3　研报结论提炼

用 DeepSeek 进行研报结论提炼的示例如下。

提示词：

我的研报重点探讨了智能制造装备行业在中国的崛起，已阐述了先进机器人、3D 打印等技术的现状和应用案例，但我需要一个有力的结论来结尾。请你总结该行业的核心竞争力要素、国内厂商的国际竞争力提升路径，以及未来 5 ～ 10 年该行业在全球制造业变革中的战略地位预期。

输出结果：

以下是关于智能制造装备行业研报的结论部分，总结了行业的核心竞争力要素、国内厂商的国际竞争力提升路径，以及未来 5 ～ 10 年该行业的战略地位预期。

1. 智能制造装备行业的核心竞争力要素

智能制造装备行业的核心竞争力主要体现在以下几个方面：

技术创新能力：

先进机器人、3D 打印、人工智能、物联网等技术的深度融合，推动智能制造装备向高精度、高效率和智能化方向发展。

产业链协同能力：

从核心零部件到整机装备，再到系统集成，产业链各环节的高效协同是行业竞争力的关键。

市场需求响应能力：

快速响应制造业个性化、定制化需求，提供柔性化、模块化的解决方案。

成本控制与规模化能力：

通过规模化生产和工艺优化，降低制造成本，提升产品性价比。

2. 国内厂商的国际竞争力提升路径

国内智能制造装备厂商要提升国际竞争力，需从以下路径发力：

技术突破与自主创新：

加大对核心技术的研发投入，突破高端装备"卡脖子"技术（如精密减速器、高端传感器等），提升自主知识产权水平。

品牌建设与市场拓展：

通过参与国际展会、并购海外企业等方式，提升品牌知名度，拓展海外市场。

产业链整合与生态构建：

加强与上下游企业的合作，构建完整的产业生态，提升整体竞争力。

人才培养与国际化团队建设：

吸引和培养高端技术人才，组建国际化团队，提升研发、管理和市场开拓能力。

3. 未来 5 ～ 10 年智能制造装备行业的战略地位预期

在未来 5 ～ 10 年，智能制造装备行业将在全球制造业变革中扮演至关重要的角色。

推动制造业转型升级的核心引擎：

智能制造装备将推动传统制造业向数字化、网络化、智能化方向转型，成为全球制造业升级的核心驱动力。

重塑全球制造业竞争格局的关键力量：

随着中国等新兴市场国家的崛起，智能制造装备行业将重塑全球制造业价值链，改变以欧美为主导的传统格局。

实现绿色制造与可持续发展的重要支撑：

智能制造装备通过优化生产流程、降低能耗和排放，助力全球制造业实现绿色低碳发展。

催生新业态与新模式的创新平台：

智能制造装备与新一代信息技术深度融合，将催生共享制造、服务型制造等新业态，推动制造业商业模式创新。

4. 总结

智能制造装备行业是中国制造业高质量发展的战略制高点，也是全球制造业变革的核心驱动力。国内厂商需抓住技术突破、产业链整合和市场拓展等关键路径，提升国际竞争力。未来5～10年，随着技术的不断进步和市场的持续扩大，智能制造装备行业将在全球制造业中占据更加重要的战略地位，成为推动全球经济可持续发展的重要力量。

希望这一结论能为您的研报提供一个有力的收尾！

用 DeepSeek 高效做科研

本章将从研究背景知识检索、文献整理与分析、数据处理方法查询三个方面介绍 DeepSeek 对科研工作的赋能。

12.1 研究背景知识检索

在研究背景知识检索方面，我们可以用 DeepSeek 采集学科基础、前沿动态和领域综述类的相关信息，下面依次举例说明。

12.1.1 学科基础

用 DeepSeek 进行学科基础知识检索的示例如下。

提示词：

我正在研究人工智能在医疗影像诊断中的应用，请提供该领域相关的基础学科知识，包括机器学习、图像处理、医学影像学等学科的基本概念、发展历程和关键理论。

输出结果：

以下是关于人工智能在医疗影像诊断中应用的基础学科知识的详细分析，涵盖机器学习、图像处理、医学影像学等学科的基本概念、发展历程和关键理论。

1. 机器学习

1.1　基本概念

机器学习（Machine Learning，ML）是人工智能的一个子领域，旨在通过数据和经验自动改进算法性能。其核心思想是通过训练数据建立模型，并对新数据进行预测或决策。

1.2　发展历程

机器学习的发展可追溯到 20 世纪 50 年代，经历了符号主义、连接主义等多个阶段。近年来，随着计算能力的提升和大数据的普及，深度学习（Deep Learning，DL）成为主流，推动了图像识别、自然语言处理等多个领域的突破。

1.3　关键理论

❏ 监督学习：通过标注数据训练模型，用于分类和回归任务。

❏ 无监督学习：从未标注数据中发现模式，用于聚类和降维。

❏ 强化学习：通过试错和奖励机制，训练智能体进行决策。

❏ 深度学习：基于神经网络的多层结构，能够自动提取特征并进行复杂任务的处理。

2. 图像处理

2.1　基本概念

图像处理（Image Processing）是指对图像进行分析、增强和解释的技术，广泛应用于计算机视觉、医学影像等领域。

2.2　发展历程

图像处理技术起源于 20 世纪 60 年代，随着数字计算机的发展而逐步成熟。近年来，深度学习在图像处理中的应用，显著提升了图像识别、分割和生成等任务的完成质量。

2.3　关键理论

❏ 图像增强：通过滤波、对比度调整等技术，提高图像质量。

❏ 图像分割：将图像划分为多个区域，用于目标检测和识别。

❏ 特征提取：从图像中提取关键特征，用于后续的分析和识别。

❏ 深度学习模型：如卷积神经网络（CNN），在图像分类、目标检测等任务中表现出色。

3. 医学影像学

3.1　基本概念

医学影像学（Medical Imaging）是医学的一个分支，通过成像技术获取人体内部结构的图像，用于诊断和治疗。

3.2　发展历程

医学影像学起源于 19 世纪末的 X 射线技术，随后发展出超声、CT、MRI 和核医学等多种成像技术。近年来，数字化和智能化成为医学影像学发展的主要趋势。

3.3　关键理论

❑ 成像原理：不同成像技术基于不同的物理原理，如 X 射线、超声波、磁场和放射性同位素。

❑ 图像解释：医生通过观察图像，识别病变和异常，进行诊断。

❑ 影像处理：利用计算机技术对医学图像进行分析和处理，辅助诊断。

❑ 人工智能应用：通过机器学习和深度学习，自动识别和分析医学图像，提高诊断的准确性和效率。

4. 人工智能在医疗影像诊断中的应用

4.1　基本概念

人工智能在医疗影像诊断中的应用，主要是通过机器学习和图像处理技术，自动分析和解释医学图像，辅助医生进行诊断。

4.2　发展历程

早期应用主要集中在图像增强和特征提取，近年来，随着深度学习的发展，人工智能在医疗影像诊断中的应用取得了显著进展，广泛应用于肺结节检测、乳腺癌筛查、脑部疾病诊断等领域。

4.3　关键理论

❑ 卷积神经网络（CNN）：在医疗影像分类和分割任务中表现出色。

❑ 迁移学习：通过预训练模型，提高小样本数据的诊断效果。

❑ 多模态融合：结合应用不同成像技术的图像，提高诊断的全面性和准确性。

❑ 可解释性：通过可视化和其他方法，提高人工智能诊断结果的可信度和透明度。

5. 综合分析与展望

5.1　技术融合与协同创新

未来，人工智能在医疗影像诊断中的应用将更加注重技术融合与协同创新。机器学习、图像处理和医学影像学的相互结合，将推动医疗影像诊断的智能化和精准化。

5.2　政策与市场驱动

政策支持和市场需求将继续推动人工智能在医疗影像诊断中的应用。各国政府通过政策和资金支持，鼓励智能医疗的发展。同时，随着人口老龄化和慢性疾病的增加，对智能诊断技术的需求将持续增长。

5.3 挑战与前景

尽管人工智能在医疗影像诊断中展现出显著优势，但其广泛应用仍面临数据隐私、算法可解释性和临床验证等挑战。未来，随着技术的进步和法规的完善，人工智能有望在医疗影像诊断中发挥更大的作用。

结论

人工智能在医疗影像诊断中的应用，是机器学习、图像处理和医学影像学等多学科交叉融合的成果。通过深入理解这些基础学科的基本概念、发展历程和关键理论，可以更好地把握人工智能在医疗影像诊断中的应用现状和未来发展趋势。未来，随着技术的不断进步和市场需求的驱动，人工智能将在医疗影像诊断中发挥更加重要的作用，助力精准医疗和健康管理。如果您需要进一步的分析或具体数据的支持，请随时告知。

12.1.2　前沿动态

用 DeepSeek 进行学科前沿动态检索的示例如下。

提示词：

我需要了解基因编辑技术 CRISPR-Cas9 的最新研究进展，包括在农业、医学、生物制药等领域的应用成果、技术突破和面临的挑战。

输出结果：

以下是关于 CRISPR-Cas9 技术的最新研究进展、应用成果及面临的挑战的整理。

技术原理

核心机制：CRISPR-Cas9 技术利用 Cas9 蛋白与引导 RNA（gRNA）共同定位目标基因组，通过 Cas9 的核酸切割活性实现基因编辑。

技术优势

具有高效、简单、成本低和多基因敲除等优势，成为基因编辑领域的主流技术。

应用领域

农业

作物改良：用于培育抗病虫害、高产量或特定性状的作物，如抗病水稻和高产小麦。

医学

疾病治疗：在遗传性疾病、癌症和传染病治疗中取得突破，可通过修复或改变致病基因实现治疗。

肿瘤疗法：作为新型肿瘤疗法，通过靶向基因编辑抑制肿瘤生长。

生物制药

微生物工程：用于合成生物学和微生物工程，优化药物生产流程。

药物研发：加速新药开发，如通过基因编辑技术优化抗体药物。

技术突破

精准性提升

靶向优化：通过改进 gRNA 设计，提高基因编辑的精准性和效率。

多功能化

dCas9 应用：利用 dCas9（无切割活性的 Cas9）实现基因表达调控，拓展技术应用范围。

面临的挑战

技术限制

脱靶效应：基因编辑可能产生非目标位点的突变，影响安全性和有效性。

伦理与监管

伦理争议：基因编辑技术涉及人类基因组改变，引发伦理和安全争议。

监管框架：缺乏统一的国际监管标准，限制了技术的临床应用和推广。

以上信息综合了 CRISPR-Cas9 技术的最新研究进展、应用成果及面临的挑战，展现了其在多个领域的潜力和局限性。

12.1.3　领域综述

用 DeepSeek 进行领域综述检索的示例如下。

提示词：

我正在研究新能源汽车的电池技术，请提供该领域的综述性资料，包括锂离子电池、固态电池、燃料电池等不同技术路线的发展现状、优缺点和未来趋势。

输出结果：

以下是关于新能源汽车电池技术的综述性资料，涵盖锂离子电池、固态电池、燃料电池等不同技术路线的发展现状、优缺点及未来趋势。

1. 锂离子电池

发展现状

锂离子电池是目前新能源汽车的主流电池技术，广泛应用于电动汽车和混合动力汽车。高能量密度、长循环寿命和较低的自放电率的特点使锂离子电池成为市场首选。

2025 年，磷酸铁锂电池（LFP）预计将继续主导市场，其正极材料全球销量预计达 388.4 万吨，中国占 92.7%。特斯拉、比亚迪等车企通过 CTP（无模组电池包）技术进一步降低成本，使 LFP 在中高端车型中的应用比例提升至 60% 以上。

优缺点

优点：

能量密度高，续驶里程长。

循环寿命长，适合长期使用。

技术成熟，产业链完善。

缺点：

充电时间较长，快充技术仍需突破。

存在火灾风险，安全性需进一步提升。

原材料（如锂、钴）价格波动大，成本压力显著。

未来趋势

提高能量密度：通过高镍三元材料、硅基负极等技术提升储能能力。

降低成本：优化制造工艺，推动规模化生产。

提升安全性：开发新型电解液和隔膜材料，降低火灾风险。

2. 固态电池

发展现状

固态电池使用固态电解质替代液态电解质，具有更高的能量密度和安全性。2025 年将是固态电池商业化落地的关键节点，半固态电池技术将率先搭载于高端电动车型，能量密度突破 400W·h/kg。

多家企业（如宁德时代、比亚迪）已布局固态电池研发，预计 2027 年实现小规模量产。

优缺点

优点：

能量密度高，续驶里程显著提升。

安全性高，无电解液泄漏风险。

循环寿命长，适合高端车型。

缺点：

制造成本高，工艺复杂。

快充性能较低，技术尚未完全成熟。

未来趋势

2025 年～ 2030 年，半固态电池将逐步商业化，全固态电池预计在 2030 年后实现大规模量产。

降低成本：通过工艺优化和规模化生产，目标是将电芯价格降至 2 元 /（W·h）以下。

3. 燃料电池

发展现状

燃料电池通过氢氧反应产生电能，主要应用于商用车和重型车辆。零排放特性使燃料电池成为绿色能源的重要发展方向。

2025 年，燃料电池在商用车领域的渗透率预计将显著提升，尤其是在重卡和物流车市场。

优缺点

优点：

零排放，环保性能优异。

续驶里程长，适合长途运输。

加氢速度快，补能效率高。

缺点：

制造成本高，氢能基础设施不完善。

氢气储存和运输存在安全隐患。

未来趋势

提升效率：通过催化剂和膜材料优化，提高能量转换效率。

降低成本：推动规模化生产和氢能基础设施建设。

政策支持：各国政府加大对氢能产业的扶持力度，推动燃料电池商业化。

4. 钠离子电池

发展现状

钠离子电池凭借成本低、原材料资源丰富等优势，正在加速渗透低速电动车和短途物流车市场。2025 年，钠离子电池在 A0 级车型中的渗透率预计达 10% ～ 15%。

宁德时代、比亚迪等企业已启动 GW 级产线，推动钠离子电池的商业化应用。

优缺点

优点：

成本低，原材料资源丰富。

安全性高，适合低温环境。

缺点：

能量密度较低，续驶里程有限。

技术尚未完全成熟，市场应用处于起步阶段。

未来趋势

2025 年，钠离子电池将在低成本细分市场（如低速电动车）中占据重要地位。

提升性能：通过材料创新提高能量密度和循环寿命。

5. 超级电容器

发展现状

超级电容器以其超高功率密度和快速充放电能力，广泛应用于混合动力汽车的起步和加速阶段。

2025 年，超级电容器与电池技术的结合将为新能源汽车开辟新的技术路径。

优缺点

优点：

充放电速度快，适合高功率场景。

循环寿命长，适合频繁充放电。

缺点：

能量密度低，不适合作为主电源。

成本较高，市场应用受限。

未来趋势

与电池技术结合：超级电容器将与锂离子电池、固态电池等结合，提升整车性能。

降低成本：通过材料创新和工艺优化，推动商业化应用。

6. 未来趋势总结

技术融合：多种电池技术将互补发展，满足不同场景需求。例如，固态电池用于高端车型，钠离子电池用于低成本市场。

绿色与可持续：电池回收利用技术将快速发展，推动资源循环利用。

智能化与数字化：AI 技术将优化电池设计和管理，提升性能和安全性。

以上综述结合了锂离子电池、固态电池、燃料电池等多种技术路线的发展现状、优缺点及未来趋势，希望对您的研究有所帮助！

12.2 文献整理与分析

在文献整理与分析方面，我们可以用 DeepSeek 对文献标题进行分类，也可

以用它提炼文献综述，下面依次举例说明。

12.2.1　文献标题分类

用 DeepSeek 进行文献标题分类的示例如下。

提示词:

我有以下文献标题:

《企业知识管理策略与组织绩效关系的实证研究》

《基于大数据的知识管理创新模式探究》

《知识共享行为影响因素的系统分析》

《知识管理在中小企业中的应用与挑战》

《知识管理系统设计与实施的关键要素》

《跨文化背景下知识转移的障碍与对策研究》

《知识管理视角下的企业创新能力建设》

《知识管理在数字化转型中的作用机制》

《知识管理与企业竞争优势的动态关系研究》

《知识管理在医疗行业中的实践与优化路径》

请对这些文献进行分类，并为每个类别提供简要的分类依据。

输出结果:

以下是文献分类及分类依据说明:

分类一: 知识管理战略与组织绩效

文献:

①《企业知识管理策略与组织绩效关系的实证研究》

⑨《知识管理与企业竞争优势的动态关系研究》

分类依据:

聚焦于知识管理战略（如策略制定、资源分配）与组织宏观结果（绩效、竞争力）之间的因果关系，采用量化方法验证理论模型。

分类二: 技术驱动与系统实施

文献:

②《基于大数据的知识管理创新模式探究》

⑤《知识管理系统设计与实施的关键要素》

⑧《知识管理在数字化转型中的作用机制》

分类依据:

以技术工具（大数据、数字转型）或系统设计为核心，探讨技术如何重构知识管理流程并解决落地问题。

分类三：行为机制与跨文化因素

文献：

③《知识共享行为影响因素的系统分析》

⑥《跨文化背景下知识转移的障碍与对策研究》

分类依据：

从微观行为（如个体／团队的共享意愿）或宏观文化差异（如跨国知识转移）视角，分析知识流动的驱动与阻碍因素。

分类四：行业实践与挑战

文献：

④《知识管理在中小企业中的应用与挑战》

⑩《知识管理在医疗行业中的实践与优化路径》

分类依据：

聚焦特定行业或组织类型（中小企业、医疗），结合场景化需求分析知识管理的适配性及改进方向。

分类五：创新能力与知识整合

文献：

⑦《知识管理视角下的企业创新能力建设》

分类依据：

强调知识管理对组织创新能力（如知识重组、迭代学习）的核心支撑作用，属于能力建设的专项研究。

分类逻辑总结

1. 纵向分层：从战略层（分类一）到技术层（分类二），再到行为层（分类三），体现"宏观目标—工具支撑—微观执行"的研究层次。

2. 横向扩展：通过行业实践（分类四）验证理论普适性，通过创新能力（分类五）深化知识管理的价值延伸。

3. 方法论覆盖：包含实证研究（分类一）、技术设计（分类二）、质性分析（分类三）等多种研究方法。

此分类兼顾主题聚焦性与逻辑连贯性，便于后续研究按需选择文献深入阅读。

12.2.2　文献综述提炼

用 DeepSeek 提炼文献综述的示例如下。

提示词：

以下是一段文献内容："随着知识经济的兴起，知识管理（KM）已成为企业提升竞争力和创新能力的关键战略。本文通过系统性文献综述和实证研究，探讨了知识管理在企业中的应用现状、影响因素及其对组织绩效的作用机制。研究选取了来自不同行业的 150 家企业作为样本，采用问卷调查和深度访谈相结合的方法，收集了关于知识管理实践、知识共享文化、技术工具应用以及组织绩效的相关数据。通过结构方程模型（SEM）分析，研究发现知识管理实践与组织绩效之间存在显著的正相关关系，其中知识共享文化的建设是知识管理成功实施的关键中介变量。此外，知识管理技术工具的应用虽然能够提升知识管理的效率，但其效果受到组织内部知识共享意愿和能力的制约。研究还指出，企业高层对知识管理的重视程度和资源投入是推动知识管理实践有效落地的重要保障。本文的研究结论为知识管理在企业中的实践提供了理论支持和实践指导，强调了知识共享文化建设和技术工具应用的协同作用，为企业制定知识管理战略提供了参考依据。"请将这段内容总结成一句综述的话语。

输出结果：

本研究通过系统性文献综述和对 150 家跨行业企业的实证分析，运用结构方程模型验证了知识管理实践通过知识共享文化的中介作用显著提升组织绩效的机制，揭示技术工具应用效能受限于组织内部知识共享能力，同时强调高层资源投入对知识管理落地的关键作用，为企业在知识经济时代构建技术应用与文化培育协同发展的知识管理战略提供了理论与实践依据。

12.3　数据处理方法查询

在数据处理方法方面，我们可以用 DeepSeek 查询数据清洗、数据分析和数据可视化的方法，下面依次举例说明。

12.3.1　数据清洗

用 DeepSeek 查询数据清洗方法的示例如下。

提示词：

我有一组包含缺失值和异常值的气象数据，需要进行数据清洗。请提供常用的数据清洗方法，包括缺失值填补、异常值检测和处理等方法，并说明其适用场景和优缺点。

输出结果：

以下是关于气象数据清洗方法的总结，包括缺失值填补和异常值检测与处理的方法分类、适用场景及优缺点。

1. 缺失值填补

方法 1：均值 / 中位数 / 众数填补

适用场景：数据缺失量较小且分布较为均匀。

优点：简单易行，计算效率高。

缺点：可能引入偏差，忽略数据的分布特征。

方法 2：插值法（如线性插值、时间序列插值）

适用场景：时间序列数据或连续型数据，缺失值较少且数据呈现趋势性。

优点：能更好地保留数据的趋势和变化特征。

缺点：对非线性数据效果不佳，可能引入噪声。

方法 3：基于机器学习的方法（如 KNN、回归模型）

适用场景：缺失值较多或数据特征复杂。

优点：能捕捉数据的非线性关系，填补结果更准确。

缺点：计算复杂度高，依赖高质量的训练数据。

2. 异常值检测与处理

方法 1：基于统计的方法（如 3σ 准则、Zscore）

适用场景：数据分布近似正态分布。

优点：计算简单，易于实现。

缺点：对非正态分布数据效果较差，可能误判异常值。

方法 2：箱线图法（IQR 准则）

适用场景：数据分布未知或存在偏态。

优点：对数据分布无严格假设，鲁棒性较强。

缺点：可能遗漏部分异常值。

方法 3：基于机器学习的方法（如孤立森林、LOF 算法）

适用场景：数据特征复杂或异常值模式多样。

优点：能检测复杂非线性关系中的异常值，适应性强。

缺点：计算复杂度高，需调整参数。

方法 4：基于领域知识的人工修正

适用场景：异常值具有明确的物理意义或领域背景。

优点：结果更符合实际应用需求。

缺点：依赖专家经验，处理效率较低。

总结

缺失值填补：选择方法时需考虑缺失值的比例、数据分布特征及计算资源。

异常值检测与处理：需结合数据特征和领域知识，选择适合的检测方法并合理修正。

如果您需要进一步的实施细节或案例分析，请随时告知。

12.3.2　数据分析

用 DeepSeek 查询数据分析方法的示例如下。

提示词：

我有一批销售数据，需要进行数据分析。请提供常用的数据分析方法，如描述性统计分析、相关性分析、聚类分析等，并说明如何应用这些方法来挖掘数据中的有价值信息。

输出结果：

以下是关于销售数据分析方法的总结。销售数据分析是指通过多种统计和机器学习方法，从数据中提取有价值的信息，以支持业务决策。以下是常用的数据分析方法及其应用场景和具体实施步骤。

1. 描述性统计分析

☐ 定义：描述性统计分析是对数据进行概括和总结，揭示数据基本特征的数据分析方法。

☐ 常用指标：均值、中位数、标准差、最大值、最小值、分布频率等。

☐ 应用场景：了解销售数据的基本特征，如销售额的分布、客户购买行为等。

☐ 实施步骤：

1）计算关键统计指标，如平均销售额、销售波动情况等。

2）绘制直方图、箱线图等可视化图表，观察数据分布和异常值。

3）总结数据特征，为后续分析提供基础。

2. 相关性分析

☐ 定义：相关性分析用于研究变量之间的关联程度，判断是否存在潜在的关系。

☐ 常用方法：皮尔逊相关系数、斯皮尔曼相关系数、热图分析等。

☐ 应用场景：探索销售数据中变量之间的关系，如销售额与广告投入、客户数量等的关系。

☐ 实施步骤：

1）计算变量之间的相关系数，判断关联强度。

2）绘制相关性热图，直观展示变量间的关系。

3）识别强相关性变量，为进一步建模或策略制定提供依据。

3. 聚类分析

❑ 定义：聚类分析是一种无监督学习方法，用于将相似的数据点分为若干类别。

❑ 常用算法：K-means、层次聚类、DBSCAN 等。

❑ 应用场景：客户细分、市场区域划分、产品分类等。

❑ 实施步骤：

1）选择适当的聚类算法，确定聚类数量。

2）对数据进行标准化处理，确保变量具有可比性。

3）运行聚类算法，分析聚类结果的可解释性和业务意义。

4）制定针对不同簇的营销策略或产品推荐方案。

4. 回归分析

❑ 定义：回归分析用于研究自变量与因变量之间的因果关系，预测未来趋势。

❑ 常用方法：线性回归、多元回归、逻辑回归等。

❑ 应用场景：预测销售额，分析营销活动对销售的影响等。

❑ 实施步骤：

1）选择因变量（如销售额）和自变量（如广告投入、客户数量等）。

2）建立回归模型，评估模型的拟合优度。

3）分析回归系数，判断各变量对销售的影响程度。

4）利用模型进行预测，制定优化策略。

5. 时间序列分析

❑ 定义：时间序列分析用于研究数据随时间变化的规律，预测未来趋势。

❑ 常用方法：ARIMA、移动平均、指数平滑等。

❑ 应用场景：销售趋势预测、季节性分析等。

❑ 实施步骤：

1）检查数据的平稳性，必要时进行差分处理。

2）选择合适的时间序列模型，拟合历史数据。

3）评估模型精度，进行未来销售预测。

4）基于预测结果，制订库存管理或营销计划。

6. 预测性建模

❑ 定义：预测性建模利用机器学习算法构建模型，用于预测未来的销售行为或结果。

❑ 常用算法：决策树、随机森林、XGBoost、神经网络等。

❑ 应用场景：销售预测、客户流失预警、推荐系统等。

❑ 实施步骤：

1）划分训练集和测试集，进行数据预处理。

2）选择适当的算法，训练预测模型。

3）评估模型性能，优化超参数。

4）利用模型进行预测，支持业务决策。

总结

❑ 描述性统计分析用于了解数据的基本特征。

❑ 相关性分析用于探索变量间的关系。

❑ 聚类分析用于客户或市场细分。

❑ 回归分析和时间序列分析用于预测未来趋势。

❑ 预测性建模用于构建高级预测模型。

请根据您的具体业务需求选择合适的方法，并结合实际数据特征进行调整。
如果需要更详细的实施步骤或案例分析，请随时告知。

12.3.3　数据可视化

用 DeepSeek 查询数据可视化方法的示例如下。

提示词：

我有一组地理数据，需要进行数据可视化。请提供常用的数据可视化方法，
如地图可视化、热力图、散点图等，并说明如何选择合适的可视化方法来展
示地理数据的分布和特征。

输出结果：

以下是关于地理数据可视化方法的总结。地理数据可视化是展示空间数据分
布和特征的有效手段，常用的方法包括地图可视化、热力图、散点图等。以
下是这些方法的定义、适用场景及实施步骤。

1. 地图可视化

❑ 定义：地图可视化是将地理数据直接映射到地图上，展示数据在空间上的
分布的方法。

❑ 常用类型：点地图、区域地图、路径地图等。

❑ 适用场景：展示地理位置、区域分布、路径规划等。

❑ 实施步骤：

1）选择合适的地图底图（如行政区划图、交通图等）。

2）将地理数据（如坐标、区域边界等）映射到地图上。

3）使用颜色、大小、形状等视觉变量区分不同数据点或区域。

4）添加图例、标题等辅助信息，提升可读性。

2. 热力图

❑ 定义：热力图通过颜色梯度表示地理数据的密度或强度。

❑ 适用场景：展示数据分布的密集程度或热点区域，如人口密度、气温分布等。

❑ 实施步骤：

1）将地理数据转换为密度值或强度值。

2）使用颜色梯度（如从浅到深）表示数据的变化。

3）叠加到地图上，形成热力图。

4）添加图例，解释颜色与数据值的对应关系。

3. 散点图

❑ 定义：散点图使用点表示地理数据的位置，并可附加其他变量信息。

❑ 适用场景：展示地理数据的空间分布及相关变量关系，如城市污染与人口的关系。

❑ 实施步骤：

1）将地理数据中的坐标映射到地图上。

2）使用点的大小、颜色表示其他变量（如人口、污染指数等）。

3）添加图例和辅助信息，解释点的含义。

4）必要时进行聚类或趋势线分析，挖掘数据规律。

4. 等值线图

❑ 定义：等值线图通过连接相同数值的点，形成连续的等值线。

❑ 适用场景：展示连续型地理数据的分布，如地形高度、气温等。

❑ 实施步骤：

1）计算地理数据的等值线（如等高线、等温线等）。

2）将等值线叠加到地图上，使用不同颜色区分数值范围。

3）添加图例和辅助信息，解释等值线的含义。

5. 流向图

❑ 定义：流向图通过箭头或线条表示地理数据的流动方向和强度。

❑ 适用场景：展示人流、物流、资金流等的流动情况。

❑ 实施步骤：

1）确定流动的起点和终点，计算流动方向和强度。

2）使用箭头或线条表示流动，线的宽度或颜色表示强度。

3）叠加到地图上，添加图例和辅助信息。

6. 3D 地图

☐ 定义：3D 地图通过立体化展示地理数据，增强空间感。

☐ 适用场景：展示地形、建筑高度、立体分布等。

☐ 实施步骤：

1）将地理数据转换为 3D 模型（如地形、建筑等）。

2）使用颜色、高度等视觉变量表示数据特征。

3）添加交互功能（如旋转、缩放），提升用户体验。

总结

☐ 地图可视化适用于展示地理位置和区域分布。

☐ 热力图适用于展示数据密度和热点区域。

☐ 散点图适用于展示空间分布及相关变量关系。

☐ 等值线图适用于展示连续型地理数据的分布。

☐ 流向图适用于展示流动方向和强度。

☐ 3D 地图适用于立体化展示地理数据。

请根据您的具体数据特征和展示需求选择合适的方法，并结合可视化工具（如 Tableau、ArcGIS、Matplotlib 等）实施。如果需要更详细的实施步骤或案例分析，请随时告知。

推荐阅读